自制
AI图像搜索引擎

明恒毅◎著

人民邮电出版社

北京

图书在版编目（CIP）数据

自制AI图像搜索引擎 / 明恒毅著. -- 北京 : 人民邮电出版社, 2019.3
 ISBN 978-7-115-50401-2

Ⅰ. ①自… Ⅱ. ①明… Ⅲ. ①图象识别—搜索引擎 Ⅳ. ①TP391.41

中国版本图书馆CIP数据核字(2018)第286066号

内 容 提 要

图像搜索引擎有两种实现方式—基于图像上下文文本特征的方式和基于图像视觉内容特征的方式。本书所指的图像搜索引擎是基于内容特征的图像检索，也就是通常所说的"以图搜图"来检索相似图片。本书主要讲解了搜索引擎技术的发展脉络、文本搜索引擎的基本原理和搜索引擎的一般结构，详细讲述了图像搜索引擎各主要组成部分的原理和实现，并最终构建了一个基于深度学习的 Web 图像搜索引擎。

本书适用于对图像搜索引擎感兴趣的广大开发者、程序员、算法工程师以及相关领域研究人员，也适合作为高等院校计算机及相关专业的本科生和图像检索、机器视觉等方向的研究生的参考用书。

◆ 著　　明恒毅
　　责任编辑　张　爽
　　责任印制　焦志炜

◆ 人民邮电出版社出版发行　北京市丰台区成寿寺路11号
　　邮编 100164　电子邮件 315@ptpress.com.cn
　　网址 http://www.ptpress.com.cn
　　固安县铭成印刷有限公司印刷

◆ 开本：800×1000　1/16
　　印张：13.5　　　　　　　　2019年3月第1版
　　字数：298千字　　　　　　2024年7月河北第5次印刷

定价：59.00 元

读者服务热线：(010)81055410　印装质量热线：(010)81055316
反盗版热线：(010)81055315
广告经营许可证：京东市监广登字20170147号

序

大约十年前的某一天，我正徜徉在互联网的世界里，忽然一个名叫"TinEye"的图像搜索引擎网站映入我的眼帘。我满怀憧憬地在那个网站中上传了一幅图片，它很快搜索并返回了许多这幅图片在互联网中不同 URL 上的结果。我接着尝试上传了另一幅图片，一会儿它又返回了许多近似这幅图片的结果，很显然，结果中的很多图片是在同一幅图像上修改的。面对如此准确和令人惊艳的结果，我不禁脑洞大开、浮想联翩，构思着一个个可以运用该技术实现的奇思妙想。猛然间，我觉得心中产生了一股强大的力量——我要弄懂它背后的技术原理。

为了彻底弄清楚这类图像搜索引擎的技术原理，我反复查找和阅读当时互联网上甚为稀缺的相关资料，但收效甚微。直到后来，我遇到了一个叫作 LIRE 的开源项目，它让我初步理解了图像搜索引擎的技术原理。但是在实际应用中，LIRE 的效果并不是太好。为了解决这个问题，我又找到"深度学习"这个强有力的助手。在探索原理的过程中，我发现国内几乎找不到一本介绍图像搜索引擎基本原理和实现的书，这也成了本书诞生的缘由。

基于内容的图像检索技术自 20 世纪 90 年代提出以来，得到了迅速的发展。研究人员提出了不同的理论和方法，其中具有代表性的是 SIFT、词袋模型、矢量量化、倒排索引、局部敏感散列、卷积神经网络，等等。与此同时，产业界也推出了许多实用的图像搜索引擎，比如 TinEye、谷歌图像搜索、百度图像搜索和以淘宝为代表的垂直领域图像搜索引擎。但是到目前为止，此项技术还远未完全成熟，还有许多问题需要解决，改进和提高的空间还很大。搜索的结果和用户的期望还有一些距离，存在一定的图像语义鸿沟。这也是从事这项技术研究与开发的人员不断进步的源动力。

希望本书的出版能够在一定程度上缓解图像搜索引擎资料稀少的现状，并能够吸引和帮助更多的技术人员关注并研究图像检索技术。

明恒毅
2018 年 11 月

前　言

得益于基于内容的图像检索技术的发展，近十年来互联网业界涌现出一些以 TinEye 图像搜索、淘宝图像搜索为代表的通用和垂直领域图像搜索引擎。这些图像搜索引擎改变了以往单一的关键字检索方式，极大地满足了人们日益多样的图像检索需求。作者在研究图像搜索引擎的过程中发现，目前国内尚无一本系统论述图像搜索引擎原理与实现的书籍，因此产生了撰写本书的想法。

本书内容共分为 5 章。

第 1 章由文本搜索引擎的原理讲起，逐步抽象出搜索引擎的一般结构，引领读者由文本搜索过渡到图像搜索。

第 2~3 章分别按照传统人工设计和深度学习两种方式对图像特征提取的相关理论和方法进行讲解。

第 4 章详述了图像特征索引和检索的相关理论和方法。

上述每一章都在阐述相关理论和方法的同时，使用基于 Java 语言的实现代码和详实的代码注释对理论和方法进行复述。力求使读者不但能够理解深奥的理论知识，而且能将理论转换为实际可运行的程序。

第 5 章会带领读者从零开始逐步构建一个基于深度学习的 Web 图像搜索引擎，使读者能够更透彻地理解图像检索的理论，并具有独立实现一个在线图像搜索引擎的能力。

图像搜索引擎技术涵盖知识面广，目前尚在不断发展中，由于作者水平所限，书中难免存在错误和不足之处，欢迎各位读者批评指正。反馈意见和建议可以通过加入本书 QQ 群（743328332）进行沟通交流，或致信邮箱 imgsearch@126.com，我将不胜感激。

在这里，我要感谢人民邮电出版社编辑张爽的邀请，通过写作此书，我感受到了技术写作的不易与乐趣，也得到了一次难得的提升能力的机会。还要感谢父母妻儿对我的支持和理解，以及生活上的照顾，正是有了他们的支持，才能让我能够心无旁骛、安心写作。

资源与支持

本书由异步社区出品，社区（https://www.epubit.com/）为您提供相关资源和后续服务。

配套资源

本书提供配套源代码，请在异步社区本书页面中单击 配套资源 ，跳转到下载界面，按提示进行操作即可。注意：为保证购书读者的权益，该操作会给出相关提示，要求输入提取码进行验证。

提交勘误

作者和编辑尽最大努力来确保书中内容的准确性，但难免会存在疏漏。欢迎您将发现的问题反馈给我们，帮助我们提升图书的质量。

当您发现错误时，请登录异步社区，按书名搜索，进入本书页面，点击"提交勘误"，输入勘误信息，点击"提交"按钮即可。本书的作者和编辑会对您提交的勘误进行审核，确认并接受后，您将获赠异步社区的 100 积分。积分可用于在异步社区兑换优惠券、样书或奖品。

扫码关注本书

扫描下方二维码，您将会在异步社区微信服务号中看到本书信息及相关的服务提示。

与我们联系

我们的联系邮箱是 contact@epubit.com.cn。

如果您对本书有任何疑问或建议，请您发邮件给我们，并请在邮件标题中注明本书书名，以便我们更高效地做出反馈。

如果您有兴趣出版图书、录制教学视频，或者参与图书翻译、技术审校等工作，可以发邮件给我们；有意出版图书的作者也可以到异步社区在线提交投稿（直接访问 www.epubit.com/selfpublish/submission 即可）。

如果您是学校、培训机构或企业，想批量购买本书或异步社区出版的其他图书，也可以发邮件给我们。

如果您在网上发现有针对异步社区出品图书的各种形式的盗版行为，包括对图书全部或部分内容的非授权传播，请您将怀疑有侵权行为的链接发邮件给我们。您的这一举动是对作者权益的保护，也是我们持续为您提供有价值的内容的动力之源。

关于异步社区和异步图书

"**异步社区**"是人民邮电出版社旗下 IT 专业图书社区，致力于出版精品 IT 技术图书和相关学习产品，为作译者提供优质出版服务。异步社区创办于 2015 年 8 月，提供大量精品 IT 技术图书和电子书，以及高品质技术文章和视频课程。更多详情请访问异步社区官网 https://www.epubit.com。

"**异步图书**"是由异步社区编辑团队策划出版的精品 IT 专业图书的品牌，依托于人民邮电出版社近 30 年的计算机图书出版积累和专业编辑团队，相关图书在封面上印有异步图书的LOGO。异步图书的出版领域包括软件开发、大数据、AI、测试、前端、网络技术等。

异步社区

微信服务号

目　　录

第1章　从文本搜索到图像搜索 ·· 1
1.1　文本搜索引擎的发展 ·· 1
1.2　文本搜索引擎的结构与实现 ··· 2
1.2.1　文本预处理 ··· 3
1.2.2　建立索引 ·· 5
1.2.3　对索引进行搜索 ··· 7
1.3　搜索引擎的一般结构 ·· 10
1.4　从文本到图像 ·· 10
1.5　现有图像搜索引擎介绍 ·· 12
1.5.1　Google 图像搜索引擎 ·· 12
1.5.2　百度图像搜索引擎 ·· 13
1.5.3　TinEye 图像搜索引擎 ·· 14
1.5.4　淘宝图像搜索引擎 ·· 15
1.6　本章小结 ·· 16

第2章　传统图像特征提取 ·· 17
2.1　人类怎样获取和理解一幅图像 ·· 17
2.2　计算机怎样获取和表示一幅图像 ··· 18
2.2.1　采样 ··· 18
2.2.2　量化 ··· 19
2.2.3　数字图像的存储 ·· 19
2.2.4　常用的位图格式 ·· 20
2.2.5　色彩空间 ··· 20
2.2.6　图像基本操作 ··· 21
2.3　图像特征的分类 ·· 29
2.4　全局特征 ·· 30
2.4.1　颜色特征 ··· 30
2.4.2　纹理特征 ··· 41
2.4.3　形状特征 ··· 67
2.5　局部特征 ·· 82

目　录

  2.5.1 SIFT 描述符 82
  2.5.2 SURF 描述符 86
2.6 本章小结 88

第 3 章　深度学习图像特征提取 89

3.1 深度学习 89
  3.1.1 神经网络的发展 89
  3.1.2 深度神经网络的突破 92
  3.1.3 主要的深度神经网络模型 95
3.2 深度学习应用框架 97
  3.2.1 TensorFlow 97
  3.2.2 Torch 98
  3.2.3 Caffe 98
  3.2.4 Theano 98
  3.2.5 Keras 99
  3.2.6 DeepLearning4J 99
3.3 卷积神经网络 99
  3.3.1 卷积 99
  3.3.2 卷积神经网络概述 103
  3.3.3 经典卷积神经网络结构 110
  3.3.4 使用卷积神经网络提取图像特征 130
  3.3.5 使用迁移学习和微调技术进一步提升提取特征的精度 134
3.4 本章小结 141

第 4 章　图像特征索引与检索 142

4.1 图像特征降维 142
  4.1.1 主成分分析算法降维 142
  4.1.2 深度自动编码器降维 150
4.2 图像特征标准化 153
  4.2.1 离差标准化 153
  4.2.2 标准差标准化 153
4.3 图像特征相似度的度量 154
  4.3.1 欧氏距离 154
  4.3.2 曼哈顿距离 155
  4.3.3 海明距离 155
  4.3.4 余弦相似度 155
  4.3.5 杰卡德相似度 156
4.4 图像特征索引与检索 157

	4.4.1 从最近邻（NN）到 K 最近邻（KNN）	157
	4.4.2 索引构建与检索	158
4.5	本章小结	173

第 5 章 构建一个基于深度学习的 Web 图像搜索引擎 174

- 5.1 架构分析与技术路线 174
  - 5.1.1 架构分析 174
  - 5.1.2 技术路线 175
- 5.2 程序实现 175
  - 5.2.1 开发环境搭建 175
  - 5.2.2 项目实现 176
- 5.3 优化策略 204
- 5.4 本章小结 205

第1章 从文本搜索到图像搜索

1.1 文本搜索引擎的发展[1]

1990 年，加拿大麦吉尔大学的 Alan Emtage 等学生开发了一个名叫 Archie 的系统。该系统通过定期搜集分析散落在各个 FTP 服务器上的文件名列表，并将之索引，以供用户进行文件查询。虽然该系统诞生在万维网的出现之前，索引的内容也不是现代搜索引擎索引的网页信息，但它采用了与现代搜索引擎相同的技术原理，因此被公认为现代搜索引擎的鼻祖。

1991 年，明尼苏达大学的学生 Mark McCahill 设计了一种客户端/服务器协议 Gopher，用于在互联网上传输、分享文档。之后产生了 Veronica、Jughead 等类似于 Archie，但运行于 Gopher 协议之上的搜索工具。

同一时期，英国计算机科学家 Tim.Berners.Lee 提出了将超文本和 Internet 相结合的设想，并将之称为万维网（World Wide Web）。随后，他创造了第一个万维网的网页，以及浏览器和服务器。1991 年，他将该项目公之于众。自此，万维网成为了 Internet 的主流，全球进入了丰富多彩的 WWW 时代。搜索引擎也逐步从 FTP、Gopher 过渡到了万维网，并进一步演进。

1993 年，麻省理工学院的学生 Matthew Gray 开发了第一个万维网 spider 程序 WWW Wanderer，它可以沿着网页间的超链接关系对其进行逐个访问。起初，WWW Wanderer 只是用来统计互联网上的服务器数量，后来加入了捕获 URL 的功能。虽然它功能比较简单，但它为后来搜索引擎的发展提供了宝贵的思想借鉴。这一构思激励了许多研究开发者在此基础上进行进一步改进和扩展，并将 spider 程序抓取的信息用于索引构建。我们今天在开发一个网站或做搜索引擎优化时所用到的 robot.txt 文件，正是告诉 spider 程序可以爬取网站的哪些部分，不可

---

[1] Michael Busby. Learn Google: Wordware Publishing, Inc., 2003

以爬取哪些部分的一份协议。同年，英国 Nexor 公司的 Martin Koster 开发了 Aliweb。它采用用户主动提交网页简介信息，而非程序抓取的方式建立链接索引。是否使用 robot、spider 采集信息也形成了搜索引擎发展过程中的两大分支，前者发展为今天真正意义上的搜索引擎，后者发展为曾经风靡一时，能够提供分类目录浏览和查询的门户网站。

  1994 年可以说是搜索引擎发展史上里程碑的一年。华盛顿大学的学生 Brain Pinkerton 开发了第一个能够提供全文检索的搜索引擎 WebCrawler。而在此之前，搜索引擎只能够提供 URL 或人工摘要的检索。自此，全文检索技术成为搜索引擎的标配。这一年，斯坦福大学的杨致远和 David Filo 创建了大家熟知的 Yahoo，使信息搜索的概念深入人心，但其索引数据都是人工录入的，虽能提供搜索服务，但并不能称之为真正的搜索引擎；卡耐基梅隆大学的 Michael Maldin 推出了 Lycos，它提供了搜索结果的相关性排序和网页自动摘要，以及前缀匹配和字符近似，是搜索引擎的又一历史性进步；搜索引擎公司 Infoseek 成立，在其随后的发展中，它首次允许站长提交网址给搜索引擎，并将"千人成本"（Cost Per Thousand Impressions，CPM）广告模式引入搜索引擎。

  1995 年，一种全新类型的搜索引擎——元搜索引擎诞生了，它是由华盛顿大学的学生 Eric Selburg 和 Oren Etizioni 开发的 MetaCrawler。元搜索引擎采用将用户的查询请求分发给多个预设的独立搜索引擎的方式，并统一返回查询结果。但是由于各独立搜索引擎搜索结果的打分机制并不相同，常常返回一些不相干的结果，精准性往往并不如独立搜索引擎好，因此元搜索引擎始终没有发展起来。

  同一年，DEC 公司开发了第一个支持自然语言搜索及布尔表达式（如 AND、OR、NOT 等）高级搜索功能的 AltaVista。它还提供了新闻组搜索、图片搜索等具有划时代意义的功能。

  1998 年，斯坦福大学的学生 Larry Page 和 Sergey Brin 创立了 Google（谷歌）——一个日后影响世界的搜索引擎。Google 采用了 PageRank（网页排名）的算法，根据网页间的超链接关系来计算网页的重要性。该算法极大地提高了搜索结果的相关性，使其后来居上，几乎垄断了全球搜索引擎市场。

1.2　文本搜索引擎的结构与实现

  目前，基于文本信息的搜索引擎虽然还有一定的提升空间，但其工作原理已经相对稳定，基本结构也已趋于成熟。文本搜索引擎基本可以分为抓取部分、预处理部分、索引部分、搜索部分以及用户接口，如图 1-1 所示。

  由于抓取部分不是本书所讨论的内容，故不做详细介绍。下面来着重介绍一下文本数据预处理、索引及搜索。

1.2 文本搜索引擎的结构与实现

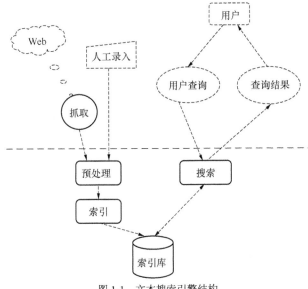

图 1-1 文本搜索引擎结构

1.2.1 文本预处理

蜘蛛程序（Spider）抓取的数据在进行一定程度的预处理之后才能用于索引的建立。文本数据预处理主要是为了提取词语而进行的文本分析，而文本分析又可分为分词、语言处理等过程。

1. 分词

文本分词过程通常分为三步：第一步，将文本分为一个个单独的单词；第二步，去除标点符号；第三步，去除停止词（Stop words）。停止词是语言中最普通的一些单词，它们的使用频率很高，但又没有特殊意义，一般情况下不会作为搜索关键词。为了减小索引的大小，一般将此类单词直接去除。为方便读者理解，下面举例说明，如图 1-2 所示。

2. 语言处理

语言处理主要对分词产生的词元进行相应语言的处理。以英文为例：首先将词元变为小写，然后对单词进行缩减。缩减过程主要有两种，一种被称为词干提取（Stemming），另一种被称为词形还原（Lemmatization）。词干提取是抽取词的词干或词根，词形还原是把某种语言的词汇还原为一般形式。两者依次进行相关语言处理，比如将 books 缩减为 book（去除复数形式），将 tional 缩减为 tion（去除形容词后缀）。词干提取采用某种固定的算法进行缩减。词形还原通常使用字典的方式进行缩减，缩减时直接查询字典，比如将 reading 缩减为 read（字典中存在 reading 到 read 的对应关系）。词干提取和词形还原有时会有交集，同一个词，使用两种方式都会得到同样的缩减。接上面的举例，继续说明，如图 1-3 所示。

3

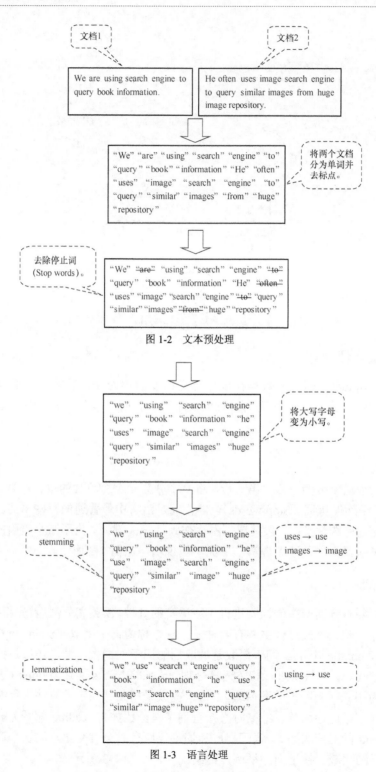

图 1-2 文本预处理

图 1-3 语言处理

1.2.2 建立索引

经过文本分析后，得到的结果称为词（Term），我们利用它建立索引。首先使用得到的词创建一个字典，然后对字典按字母顺序进行排序，最后合并相同的词，形成文档倒排表（Posting List），具体过程如下。

1. 使用词生成字典，如表 1-1 所示

表 1-1　　　　　　　　　　使用词生成字典

词	文档 ID
we	1
use	1
search	1
engine	1
query	1
book	1
information	1
he	2
use	2
image	2
search	2
engine	2
query	2
similar	2
image	2
huge	2
repository	2

2. 对字典按字母顺序排序，如表 1-2 所示

表 1-2　　　　　　　　　　对字典按字母顺序排序

词	文档 ID
book	1
engine	1
engine	2
he	2
huge	2
image	2
image	2

续表

词	文档 ID
information	1
query	1
query	2
repository	2
search	1
search	2
similar	2
use	1
use	2
we	1

3. 合并相同的词，形成文档倒排链表

在文档倒排表中，有几个概念需要解释一下。文档频率（Document Frequency）表示共有多少个文档包含这个词。词频率（Term Frequency），表示这个文档中包含此词的个数。在图 1-4 中，左边是按字母顺序排序的字典合并相同词，并统计出该词在文档中出现次数的结果。中间和右边是文档 1 和文档 2 中包含某个词的次数——词频率。它们之间是用链表的形式串起来的，又因为是根据词的值来查找相关文档的，而非在文档中查找相关的值，和正常顺序是相反的，故称其为文档倒排链表或倒排索引。

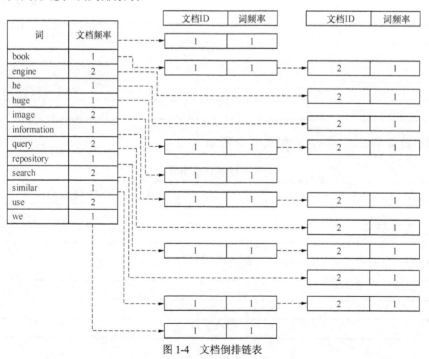

图 1-4　文档倒排链表

至此，索引已经构建好了。根据以上的文档倒排链表，我们就能使用关键词来查到相应的文档了。

1.2.3 对索引进行搜索

上面我们已经可以查找到包含关键词的相关文档了，但它还不能满足实际搜索的要求。如果结果只有几个，当然没有问题，全部显示就是了。但在实际应用中，搜索引擎需要返回几十万，甚至百万、千万级的结果。我们怎样才能将最相关的文档显示在最前面呢？这也是下面需要探讨的问题。

1. 用户输入查询语句

目前，搜索引擎均提供自然语言搜索以及布尔表达式高级搜索，所以查询语句也是遵循一定的语法结构。比如我们可以输入查询语句"search AND using NOT image"，它搜索包含 search 和 using 但不包含 image 的文档。

2. 对查询语句进行词法分析、语法分析、语言处理

词法分析用来提取查询词以及布尔关键字，上面的查询语句提取出的查询词为 search using image，布尔关键字是 AND 和 NOT。语法分析会将词法分析的提取结果生成一棵语法树。上例形成的语法树如图 1-5 所示。

语言处理与创建索引时的语言处理过程几乎相同。如图 1-6 所示，上例中的 using 将转换为 use。

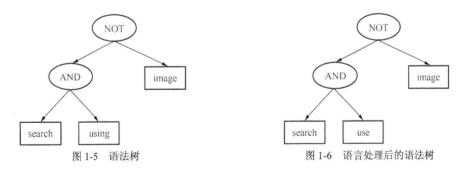

图 1-5　语法树　　　　　　　图 1-6　语言处理后的语法树

3. 搜索索引，返回符合上述语法树的结果

首先，在反向索引中分别找出包含 search、use 和 image 的文档链表。然后，将包含 search 和 use 的文档链表合并，得到既包含 search，又包含 use 的文档链表。接着，在上一步的结果中去除包含 image 的文档链表，最终的文档链表就是符合上述语法树的结果。

4. 对结果进行相关性排序

虽然在上一步中我们得到了想要查找的文档，但这些文档并未按照与查询语句的相关性进

行排序，并不是我们最终想要的结果。那怎样才能将查找结果按相关性进行排序呢？首先，把查询语句也视为一个由若干词组成的短小文档，那么查询语句与相应文档的相关性问题就转变成了文档之间的相关性问题。毫无疑问，文档主题近似程度高的，其相关性必然强；文档主题近似程度低的，其相关性必然弱。那进一步思考一下，什么又是决定文档间相关性的主要因素？想必读者都读过或写过论文，是否留意到每篇论文都有"关键词"这一项？"关键词"是能够反映论文主题的词或词组。也就是说，论文中每个词对论文主题思想的表达程度是不相同的。换个说法，文档中的每个词对其主题思想表达的权重是不同的，正是这些不同权重的词构成了文档的主题。

有两个主要因素会影响一个词在文档中的重要性。一是词频率（Term Frequency，tf），表示一个词在此文档中出现的次数，它的值越大，说明这个词越重要。二是文档频率（Document Frequency，df），表示多少文档中包含这个词，它的值越大，说明这个词越不重要。一个词的权重可以使用式（1-1）进行计算：

$$W_{t,d} = tf_{t,d} \times \log\left(\frac{n}{df_t}\right) \quad (1-1)$$

在上述公式中，$W_{t,d}$ 表示词 t 在文档 d 中的权重，$tf_{t,d}$ 表示词 t 在文档 d 中出现的频率，n 表示文档的总数，df_t 表示包含词 t 的文档数量。

怎样才能度量文档的相似度呢？第一步，把文档中每个词的权重组成一个向量，DocumentVector={weight1, weight2, …, weightN}。把查询语句也看作一个简单的文档，将其中的每个词的权重也组成一个向量，QueryVector={weight1, weight2, …, weightN}。第二步，将所有查询出的文档向量和查询语句向量取并集，用并集元素的个数 N 统一各向量长度，如果一个文档中不包含某个词，那么该词的权重为 0。第三步，把所有统一后的向量放到一个 N 维空间中，每个词是一维，如图 1-7 所示。

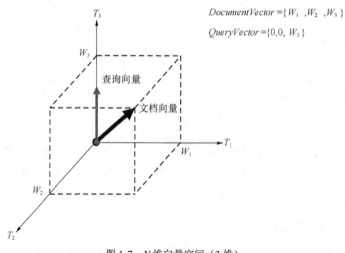

图 1-7　N 维向量空间（3 维）

如图 1-8 所示，文件向量间存在一定的夹角。我们可以通过计算夹角余弦值的方法来表示它们之间的相似程度。因为夹角越小，余弦值越大，也就是说文档向量夹角的余弦值越接近，文档也越相近。

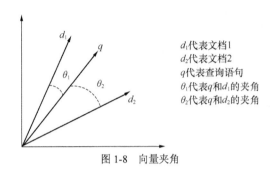

图 1-8 向量夹角

相关性的计算公式如下：

$$Similarity(q,d) = \cos(q,d) = \frac{\vec{V_q}\vec{V_d}}{|\vec{V_q}||\vec{V_d}|} = \frac{\sum_{i=1}^{n} w_{i,q} w_{i,d}}{\sqrt{\sum_{i=1}^{n} w_{i,q}^2} \sqrt{\sum_{i=1}^{n} w_{i,d}^2}} \quad (1\text{-}2)$$

下面梳理一下上述的索引、搜索过程，如图 1-9 所示。

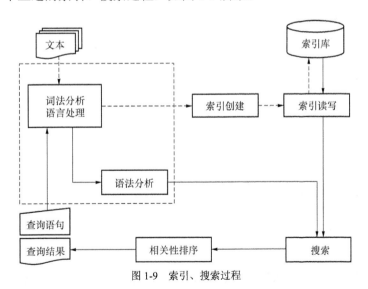

图 1-9 索引、搜索过程

词法分析和语言处理过程将一系列文本转化为若干个词，然后索引创建过程将这些词生成词典和倒排索引，索引写程序将其写入索引库。当用户输入查询语句进行搜索时，首先进行词法分析和语言处理，将查询语句分解成一系列词，而后将其输入语法分析过程生成查询语法树。索引读程序将反向索引表由索引库读入内存，搜索过程在反向索引表中查找与查询语法树中每

9

个词一致的文档链表，并对其进行相应的布尔运算，得到结果文档集。将结果文档集与查询语句的相关性进行排序，并将生成结果返回给用户。

1.3 搜索引擎的一般结构

在学习了文本搜索引擎之后，我们是否可以从文本搜索引擎抽象出搜索引擎的一般结构呢？根据一般的抽象方法，我们可以把事物非关键性的特征剥离出来，而只保留其最为本质的特征。对于现有技术条件下的搜索引擎，必须事先生成索引库，再在其上进行搜索查询。如图 1-10 所示，首先需要对输入数据进行一定的预处理，以使我们可以对其进行进一步分析。接下来，把文本搜索引擎的词法、语法分析等语言处理阶段抽象为对输入数据的特征提取，一个个提取出来的词就是构成一个文档特征向量的基本元素，反向索引库就是特征和文档对应关系的集合。对于查询数据，我们也要抽取其特征，然后计算它的特征向量与索引库中所有特征向量的相似度，最终返回规定数量的相似结果。

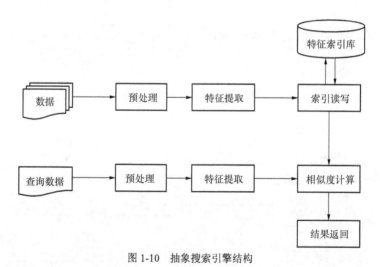

图 1-10 抽象搜索引擎结构

1.4 从文本到图像

随着互联网的发展和网络带宽的改善，万维网上的信息逐渐由纯文本过渡到文字和图像相结合，甚至有些网站（比如 Flickr 和 Pinterest）发布的信息几乎都是图像。查找文本信息是传统搜索引擎的强项，但对于图像信息，很多搜索引擎无能为力。面对用户强烈的需求，很多互联网公司开始在自己的搜索引擎中增加图像搜索的选项。

下面来观察一个网页的源文件：

```
<html>
<head>
```

```
    <title>猫</title>
</head>
<body>
    <img src="/images/animal/cat.jpg" alt="可爱的小猫" />
    <div class="introduction" label-module="t1">猫身体灵活，样子招人喜爱。</div>
</body>
</html>
```

　　用户一看就知道这是一个介绍猫的网页。html 文件的 title 是猫，该文件中还有一个小猫的图片，其路径是/images/animal/cat.jpg，并且有一个 Alt 标签说明了图片的内容，图片下面还有一段猫的简介。我们是否可以利用这些内容来索引和搜索图像呢？答案是肯定的。

　　最初，Altavista、Lycos 等搜索引擎正是利用图像的文件名、路径名、图像周围的文本以及 Alt 标签中的注释索引和搜索相关图像的。从本质上来说，这样的图像搜索引擎其实还是基于文本搜索引擎的。有时图像周边的这些文本信息和图像并没有关系，会造成搜索出来的部分图像结果和查询关键词并不一致。为了避免这种缺陷，有些搜索引擎采用人工的方式对图像进行标注索引。比如美国中北部教育技术联盟开发的 Amazing Picture Machine，它事先由专人从事图像信息的搜集、整理和标注，虽然人工标注保证了搜索引擎的查准率，但是它限制了图像索引的规模，不可能有很好的查全率。

　　有时，图像的内容是很难用几个关键词就能完整描述出来的。在某种情况下，无论是利用图像网页相关文本信息，还是人工标注文字说明，都很难做到较高的搜索准确度。1992 年，T. Kato 提出了基于内容的图像检索（CBIR）概念，它使用图像的颜色、形状等信息作为特征构建索引用于图像检索，也即我们通常所说的"以图查图"。基于这一概念，IBM 开发了第一个商用 CBIR 系统 QBIC（Query By Image Content），用户只需输入一幅草图或图像便可以搜索出相似的图像。同一时期，很多公司也将这一技术引入搜索引擎。哥伦比亚大学开发的 WebSEEK 系统不仅提供了基于关键词的图像搜索和按照图像类目的主题浏览，还可以利用图像的颜色信息进行基于内容的图像搜索。Yahoo 的 ImageSurfer 也提供了使用例图的颜色、形状、纹理特征以及它们的组合来进行基于内容的图像搜索功能。随着视觉技术的进步和发展，越来越多的搜索引擎采用这一方式来进行图像搜索，并在此基础上不断演进。

　　曾经使用"以图搜图"方式进行过图像搜索的读者可能都会有这样的印象，这种图像搜索返回结果的准确度往往不是太令人满意。为此，很多视觉研究人员、图像技术开发者不断提出新的图像特征表示算法。虽然准确率在一点点提高，但是并未根本性地解决这一问题。这究竟是什么原因呢？原因就在于无论是图像的颜色、纹理、形状这些全局信息，还是后来的 SIFT 等局部图像信息都是人为设计的硬编码，还不能完整地表达人类对整幅图像内容的理解。那图像搜索的准确率还能提高吗？随着人工智能，特别是神经网络理论和技术的发展，人们逐步找到了解决方案。

　　神经网络算法起源于 1943 年的 MCP 人工神经元模型，经过诸多科学家的努力，历经跌宕起伏的发展，它逐步解决了发展中的问题，进入了新的快速发展阶段。2006 年，Hinton 提出了训练深层神经网络的新思路，也就是现在通常所说的深度学习。2012 年，Hinton 和他的学生 Alex 等人参加 ImageNet 图像识别比赛，利用深度学习理论构建的卷积神经网络（CNN）AlexNet 以 84.7%的正确率一举夺冠，并以极大的优势击败了使用人工设计特征算法获得亚军的选手。自此，在图像特征提取方法上，深度学习的方法超过了许多传统方法。很多图像搜索引擎也引入了深度学习算法，极大地提高了图像搜索的准确率。

1.5 现有图像搜索引擎介绍

目前很多互联网公司都推出了图像搜索引擎，并不断对其进行改进，使其取得了日新月异的发展。下面选取了几个有代表性的图像搜索引擎进行简要介绍。

1.5.1 Google 图像搜索引擎

但凡提到搜索引擎，就不可能绕过 Google。2001 年 7 月，Google 首次推出了图像搜索服务。最初，它只支持基于文本信息的图像搜索，使用前面介绍的图片名称、路径、Alt 标签、图片周围的说明文字等进行索引。2011 年 6 月，Google 在其图像搜索的主页中加入了基于内容的图像搜索功能。随着相关领域理论和技术的快速发展，Google 不断对其进行改进，搜索结果的准确度也不断得到提升。用户界面如图 1-11 所示（为方便读者理解，做了一定处理，下同），搜索框中可以输入所要查询图像的相关词汇，后面灰色的照相机按钮用于上传图像或输入图片网址来查询与之相似的若干结果。图 1-12 展示了使用 Google 图像搜索引擎上传一个香蕉图片时返回的结果。在返回的页面中，搜索框中显示了我们刚刚上传的图片，并对其进行了图像到文本的解析，解析为 banana family。下面依次为对 banana family 的文本搜索结果和与上传图片外观类似图像的展示。很显然，Google 在图像搜索过程中，无论是基于文本的，还是基于内容的，都大量使用了人工智能技术。

图 1-11　Google 图像搜索引擎

1.5 现有图像搜索引擎介绍

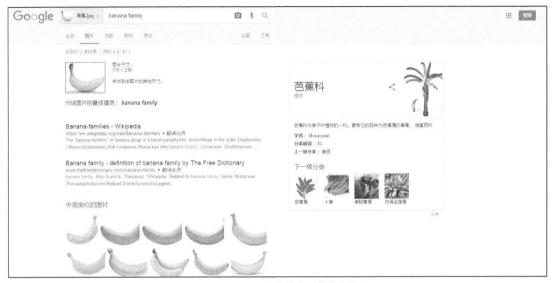

图 1-12　Google 图像搜索引擎查询结果

1.5.2　百度图像搜索引擎

百度在图像搜索领域和 Google 基本上走的是相同的路线。如图 1-13 所示，百度具有与 Google 相同的搜索框和相机按钮，不过百度将之称为"百度识图"。这次我们依然上传那幅香蕉图片查看一下搜索结果。如图 1-14 所示，百度识图的返回结果基本和 Google 类似，对图片内容进行了解析，并且返回与图片内容相关的网页信息和相似图片。百度的搜索结果反映了其在人工智能领域取得的丰硕成果已可以和 Google 相匹敌。

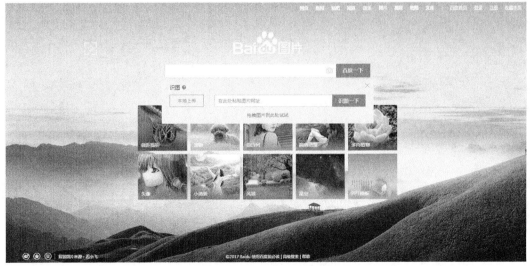

图 1-13　百度图像搜索引擎

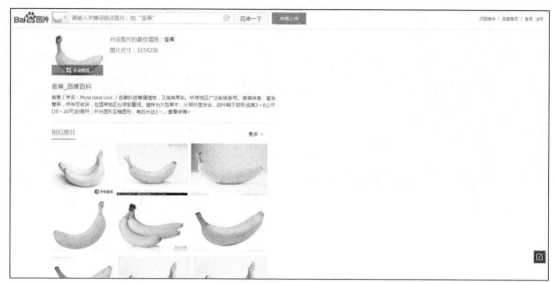

图 1-14　百度图像搜索引擎查询结果

1.5.3　TinEye 图像搜索引擎

TinEye 是一个纯粹的反向图像搜索引擎，可以说是利用已有图像搜索相似图像的鼻祖。TinEye 由加拿大 Idée 公司开发，于 2008 年 5 月正式上线，如图 1-15 所示。它可以根据用户填写的图像 URL 或上传图像进行搜索。TinEye 只专注于图像反向搜索，而不使用和图像相关的文本信息。下面来看一下它的效果，见图 1-16，可以看到它的返回结果相比 Google 和百度少了很多，这也体现了 TinEye 在这一轮的图像人工智能竞赛中明显落后了。

图 1-15　TinEye 图像搜索引擎

1.5 现有图像搜索引擎介绍

图 1-16　TinEye 图像搜索引擎查询结果

1.5.4　淘宝图像搜索引擎

淘宝的图像搜索引擎同以上介绍的 3 个通用图像搜索引擎并不十分相同。如图 1-17 所示，它是一个垂直领域的图像搜索引擎，索引了淘宝巨大的商品库信息。它为用户提供了相似商品的查询服务，以及依照图片查找商品的功能。我们依旧上传那个香蕉图片，得到如图 1-18 所示的结果。在搜索结果中，我们看到系统已经把它归入"其他"类目，显然系统设计了一个粗略的分类器。页面中"外观相似宝贝"部分展示了淘宝商品库中的外观类似商品，不仅有实物香蕉，还有道具香蕉。

图 1-17　淘宝图像搜索引擎

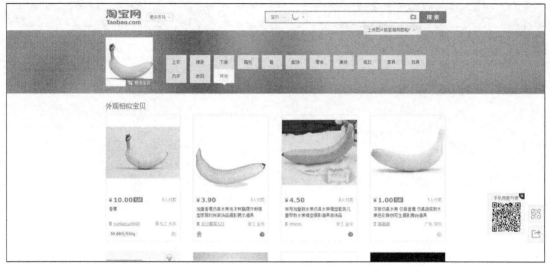

图 1-18　淘宝图像搜索引擎查询结果

1.6　本章小结

本章沿着历史的脉络，由现代搜索引擎的鼻祖 Archie 到如今垄断全球市场的谷歌，回顾了文本搜索引擎的发展史，紧接着从原理上分文本预处理、索引、搜索这 3 部分介绍了文本搜索引擎的结构与实现。由此抽象出搜索引擎的一般结构，并进一步将搜索引擎从文本推导到图像，梳理了它们的发展轨迹。最后以 Google、百度、TinEye、淘宝图像搜索引擎为例，分析了它们各自的交互方式和技术特点。

第 2 章　传统图像特征提取

2.1　人类怎样获取和理解一幅图像

当可见光透过晶状体射入人的眼球时，会在视网膜上成像。而视网膜上的不同感光细胞受到光照刺激后，会把所受刺激转变成生物电信号经由视神经传入大脑，最终在大脑中形成一幅图像。

视网膜上存在视锥细胞和视杆细胞两种感光细胞。视锥细胞光敏感度低，只有当光照达到一定强度时，才能使其产生反应，但它具有分辨颜色的能力。经人类的实验证实，视锥细胞中存在分别对峰值波长为 420nm、530nm、560nm（几乎相当于蓝、绿、红三原色的波长）的可见光敏感的 3 类细胞。视杆细胞不能感知颜色，却对光照敏感度高，可以在光线很暗的情况下产生反应。我们常有夜晚能够看到物体，却不能分辨具体颜色的经历，就是因为这个原因。

然而人类是怎样对看到的图像进行理解的呢？根据成长经历，我们往往遵循由外而内、由表及里的方法观察一个事物。我们首先获知事物的颜色、大小、形状、质地等外部特征。一个小孩子都能分辨一个水果是苹果还是香蕉，这是因为他亲眼看到了这种水果，大人们又告诉了他苹果是什么颜色、何种形状、有多大尺寸，而香蕉是什么颜色、何种形状、大小又是怎样。这样就使他在大脑中产生了苹果、香蕉和各自颜色、形状、大小的明确对应关系，如图 2-1 所示。日后，他一看到这种颜色、形状、大小的物体，他就能立即说出它是苹果还是香蕉。

第 2 章　传统图像特征提取

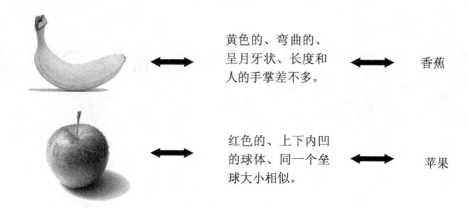

图 2-1　图像与特征以及名称的对应

2.2　计算机怎样获取和表示一幅图像

我们已经知道了人类如何获知和理解一幅图像。那有读者可能会问计算机获取和表示图像又是怎样一个过程呢？和我们人类又有什么区别呢？下面来详细介绍。

计算机通过图像传感器获取物体的原始图像，它就好似我们人类的眼睛。根据组成元件的不同，图像传感器又分为金属氧化物半导体元件（CMOS）和电荷耦合元件（CCD）两种类型。虽然它们的组成元件不同，但所获取的原始模拟图像最终都会经过采样、量化、数字图像处理等环节，最终输出一幅数字化的图像。

2.2.1　采样

图像在空间上的离散化，我们称之为采样。也就是在水平和垂直方向上，按照一定的空间间隔选取图像上的某些微小区域，这些区域称为像素，其过程如图 2-2 所示。

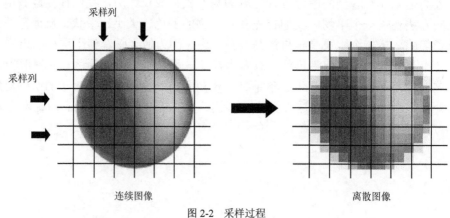

图 2-2　采样过程

"水平方向上的像素数×垂直方向上的像素数",这种表示方式称为图像的分辨率。比如一个图像的分辨率是 800 像素×600 像素,那么该图像每行有 800 个像素,每列有 600 个像素,总共由 800×600=480000 个像素组成。采样的像素越密集,那么它的分辨率也就越高,图像也就越清晰。

2.2.2 量化

模拟图像在采样之后,在空间上已经离散化为一系列像素,然而这时像素的灰度值还是由无穷个值组成的连续变化量。如图 2-3 所示,我们把将这些像素各色彩分量的灰度值离散化的过程叫作量化。

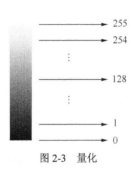

图 2-3 量化

量化的过程会把这些连续的值转化为一定数量的灰度值,这些灰度值的数量就决定了图像色彩或光线的丰富程度。比如设定图像每个色彩分量灰度值的数量为 256(2^8),也就把每个像素划分为 0~255 个灰度,即量化为 8bit 色彩。

2.2.3 数字图像的存储

模拟图像经过采样、量化之后输出为数字图像。该数字图像最终需要以一定的格式存储在硬盘、U 盘、SD 卡等存储设备上。

数字图像按照构成方式的不同分为位图和矢量图。位图就是上述由像素组成的图像,每个像素包含了颜色、灰度、明暗、对比度等信息。由于位图是按照一定的分辨率和量化位数采样量化而成,因此位图一旦生成,像素的信息就固定下来。当我们放大图像时,由于像素数量无法改变,放大倍数越高,图像就越不清晰。为了克服位图这一缺点,一种新的图像格式——矢量图应运而生。矢量图以数学向量代替位,存储图像信息,由按照数学公式计算生成的点、线构成。这一特性使图形的缩放、移动、旋转变得更为简单,只需改变公式中的矢量变量即可。位图可以表现丰富的色彩,再现真实世界,但会产生缩放失真的现象。矢量图能够无限缩放而不失真,但难以表现色彩丰富的逼真图像效果。矢量图主要由设计软件生成,如 CorelDraw、FreeHand 和 AutoCAD。人们日常拍摄的数字照片、扫描的图像均是位图的一种存在形式。本书所讨论的图像均是位图。

2.2.4 常用的位图格式

常用的位图格式有 BMP、JPEG、GIF 和 PNG 等。

BMP 全称 Bitmap，它是 Windows 操作系统标准的图像文件格式。BMP 文件格式在 Windows 3.0 以前与显示设备相关，称为设备相关位图（DDB）；在 Windows 3.0 以后与显示设备无关，称为设备无关位图（DIB）。它采用位映射存储，未对图像数据进行压缩，故该格式的图片会占用更大的存储空间。

JPEG 是联合图像专家小组的缩写，它是第一个国际图像压缩标准。为了解决图片体积过大的问题，JPEG 采用有损压缩方式去除了冗余的图像数据，但由于压缩算法设计精妙，图片依然保持了很高的品质，它还可以灵活地让用户在图像品质和体积之间做取舍。

GIF（Graphics Interchange Format）是 CompuServe 公司在 20 世纪 80 年代提出的文件格式，全称为图像交换格式。GIF 文件格式采用 LZW 无损压缩算法进一步缩小了体积，但最多只支持 256 种色彩。GIF 文件格式不仅支持静态图片，还支持动画格式。它有两个版本，分别是 1987 年制定的 GIF87a 和 1989 年制定的 GIF89a，GIF89a 扩展了 GIF87a 的功能，提供了对透明色和多帧动画的支持。GIF 是一种需授权使用的专利格式，商业使用需要支付专利费，为此人们开发了另一种图像格式——便携网络图形（Portable Network Graphics，PNG）。

PNG 格式采用源自 LZ77 的无损压缩算法，压缩比高，图片体积小。PNG 支持透明效果，最高可以定义 256 个透明层次，使得图像边缘能与任何背景平滑地融合，从而彻底消除锯齿边缘。它还原生地为网络传输而设计，PNG 图片会在浏览器下载之前提供一个基本的图像内容，随着图像数据的下载而逐渐清晰起来。PNG 格式有 8 位、16 位和 32 位三种形式，其中 PNG32 支持 24 位色彩（约 1600 万色）和 8 位透明度，可以再现丰富的真实色彩。

2.2.5 色彩空间

一幅数字图像无论以什么格式存储，其颜色的丰富程度决定了它表现和还原真实世界的能力。人们为方便描述和操作各种颜色，从色彩的不同构成方法出发，研究出了很多颜色模型，也就是这里所说的色彩空间。色彩空间从提出至今已有上百种之多，平时我们常用到的色彩空间包括 RGB、CMYK、YUV、YIQ、HSB/HSV/HSL 和 CIE 等。

RGB 色彩空间源于三原色理论，任何颜色都可以通过红色（Red）、绿色（Green）、蓝色（Blue）3 种原色相加混色而成。RGB 这 3 个分量的数值以亮度来表示，通常它们各有 256（0～255）级亮度。当 3 个分量的亮度最暗时，即 RGB（0，0，0）表示黑色；当 3 个分量的亮度最强时，即 RGB（255，255，255）表示白色；当 R 分量亮度最大，而其他分量没有亮度时，即 RGB（255，0，0）表示红色；当 G 分量亮度最大，而其他分量没有亮度时，即 RGB（0，255，0）表示绿色；当 B 分量亮度最大，而其他分量没有亮度时，即 RGB（0，0，255）表示蓝色。

RGB 色彩空间是基于物体发光定义的，广泛地运用于显示设备，它更易于被硬件设备所采纳，但它的原理与人的视觉感受并不太相同。为此，人们又提出了 HSB/HSV/HSL/HSI 色彩空间。H（Hue）代表色调，表示人的视觉系统对不同颜色的感受，如绿色、黑色，也可表示一定的颜色范围,如暖色调、冷色调,决定了颜色的基本特征。S(Saturation)代表饱和度,表示颜色的纯度,即掺入白光的程度,饱和度越大,颜色越鲜艳。B(Brightness)、V(Value)、L(Lightness)、I(Intensity)都是对亮度、明度的度量,表现光的强和弱。

CMYK 色彩空间主要用于出版印刷业,它还是利用三色混色的原理,使用 C(Cyan,青色)、M(Magenta,品红色)、Y(Yellow,黄色)加上 K(Black,黑色),4 种颜色混色叠加而形成丰富的色彩。CMYK 这 4 个分量的数值代表油墨的浓淡,不同于 RGB 是一种依靠反光的色彩模式。

YUV、YIQ、YCbCr 和 YPbPr 色彩空间用于电视系统。Y 均表示亮度,为了减小信号所占用的带宽,其他两个分量采用 RGB 分量与 Y 的色差表示。YUV 是欧洲电视系统所采用的一种颜色表示方式,是 PAL 和 SECAM 模拟彩色电视制式采用的色彩空间。其中 U 是 B 和 Y 的一种差值计算,V 是 R 与 Y 的一种差值计算。YIQ 是 NTSC(National Television Standard Committee)电视系统标准,被北美电视系统所采用。YIQ 比 YUV 的差值计算方式更优,所占带宽更低。YCbCr 将 YUV 的算法进行了改进,是对 YUV 进行 Gamma 修正的结果。YCbCr 在计算机领域应用很广,JPEG 和 MPEG 均采用它作为色彩空间,普遍地应用于 DVD、数字电视、摄像机和数码相机中。YCbCr 经过缩放和偏移计算后产生了 YPbPr。

1931 年 9 月,在国际照明委员会(Commission Internationale de l'Eclairage,CIE)的一次会议上,研究人员在 RGB 模型基础之上,利用数学计算从真实基色推导出理论上的三基色,并提出了一种新的色彩空间 CIEXYZ,使染料、印刷等工业能够明确地指定颜色。在后续的会议上又不断对其存在的问题进行修改,产生了 CIELUV 和 CIELAB。

2.2.6 图像基本操作

1. 获取 JDK 原生支持图像格式

由于知识产权等原因,每个版本的 JDK 原生支持的图像格式并不太一样。作者使用的 JDK1.8 对 JPG、BMP、GIF、PNG、WBMP 和 JPEG 格式的图像提供原生的读写支持。如果要对其他格式的图像进行读写,需要使用 JAI 或第三方库。如何获取 JDK 原生支持图像格式,见代码 2-1。

【代码 2-1】
```java
public void getReadWriteFormat() {
    // 可读文件格式后缀
    String[] readSuffixes = ImageIO.getReaderFileSuffixes();
    // 可写文件格式后缀
    String[] writeSuffixes = ImageIO.getWriterFileSuffixes();
    String canReadFormat = "";
    String canWriteFormat = "";
    for (int i = 0; i < readSuffixes.length; i++) {
        canReadFormat += readSuffixes[i] + ",";
    }
```

```java
    for (int j = 0; j < writeSuffixes.length; j++) {
        canWriteFormat += writeSuffixes[j] + ",";
    }
    // 去除最后一个逗号
    canReadFormat = canReadFormat.substring(0, canReadFormat.length() - 1);
    canWriteFormat = canWriteFormat.substring(0,
            canWriteFormat.length() - 1);
    System.out.println("JDK 支持对" + canReadFormat + "格式读取");
    System.out.println("JDK 支持对" + canWriteFormat + "格式写入");
}
```

2. 获取图像信息

javax.imageio.ImageIO 类 read 方法返回了一个 BufferedImage 对象，该对象代表已经载入内存缓冲区的图像文件。BufferedImage 提供了一系列方法获取图像宽、高，色彩空间类型及分量数、像素位数、透明度等信息。为解释具体色彩空间、透明度的意义，提供了 String getColorSpaceName(int type)、String getTransparencyName(int type)、String getImageTypeName(int type)函数，见代码 2-2、代码 2-3 和代码 2-4，获取图像信息见代码 2-5。

【代码 2-2】

```java
private String getColorSpaceName(int type) {
    String name = "";
    switch (type) {
        case 0:
            name = "TYPE_XYZ, XYZ 色彩空间的任意颜色系列。";
            break;
        case 1:
            name = "TYPE_Lab, Lab 色彩空间的任意颜色系列。";
            break;
        case 2:
            name = "TYPE_Luv, Luv 色彩空间的任意颜色系列。";
            break;
        case 3:
            name = "TYPE_YCbCr, YCbCr 色彩空间的任意颜色系列。";
            break;
        case 4:
            name = "TYPE_Yxy, Yxy 色彩空间的任意颜色系列。";
            break;
        case 5:
            name = "TYPE_RGB, RGB 色彩空间的任意颜色系列。";
            break;
        case 6:
            name = "TYPE_GRAY, GRAY 色彩空间的任意颜色系列。";
            break;
        case 7:
```

```cpp
        name = "TYPE_HSV, HSV 色彩空间的任意颜色系列。";
        break;
    case 8:
        name = "TYPE_HLS, HLS 色彩空间的任意颜色系列。";
        break;
    case 9:
        name = "TYPE_CMYK, CMYK 色彩空间的任意颜色系列。";
        break;
    case 11:
        name = "TYPE_CMY, CMY 色彩空间的任意颜色系列。";
        break;
    case 12:
        name = "TYPE_2CLR, Generic 2 分量色彩空间。";
        break;
    case 13:
        name = "TYPE_3CLR, Generic 3 分量色彩空间。";
        break;
    case 14:
        name = "TYPE_4CLR, Generic 4 分量色彩空间。";
        break;
    case 15:
        name = "TYPE_5CLR, Generic 5 分量色彩空间。";
        break;
    case 16:
        name = "TYPE_6CLR, Generic 6 分量色彩空间。";
        break;
    case 17:
        name = "TYPE_7CLR, Generic 7 分量色彩空间。";
        break;
    case 18:
        name = "TYPE_8CLR, Generic 8 分量色彩空间。";
        break;
    case 19:
        name = "TYPE_9CLR, Generic 9 分量色彩空间。";
        break;
    case 20:
        name = "TYPE_ACLR, Generic 10 分量色彩空间";
        break;
    case 21:
        name = "TYPE_BCLR, Generic 11 分量色彩空间。";
        break;
    case 22:
        name = "TYPE_CCLR, Generic 12 分量色彩空间。";
        break;
    case 23:
        name = "TYPE_DCLR, Generic 13 分量色彩空间。";
```

```
            break;
        case 24:
            name = "TYPE_ECLR, Generic 14 分量色彩空间。";
            break;
        case 25:
            name = "TYPE_FCLR, Generic 15 分量色彩空间。";
            break;
    }
    return name;
}
```

【代码 2-3】

```
private String getTransparencyName(int type) {
    String name = "";
    switch (type) {
        case 1:
            name = "OPAQUE，表示保证完全不透明的图像数据，意味着所有像素的 Alpha 值都为 1.0。";
            break;
        case 2:
            name = "BITMASK，表示保证完全不透明的图像数据（Alpha 值为 1.0）或完全透明的图像数据（Alpha 值为 0.0）。";
            break;
        case 3:
            name = "TRANSLUCENT,表示包含或可能包含位于 0.0 和 1.0(含两者)之间的任意 Alpha 值的图像数据。";
            break;
    }
    return name;
}
```

【代码 2-4】

```
private String getImageTypeName(int type) {
    String name = "";
    switch (type) {
        case 0:
            name = "TYPE_CUSTOM，没有识别出图像类型，因此它必定是一个自定义图像。";
            break;
        case 1:
            name = "TYPE_INT_RGB，表示一个图像，它具有合成整数像素的 8 位 RGB 颜色分量。";
            break;
        case 2:
            name = "TYPE_INT_ARGB，表示一个图像，它具有合成整数像素的 8 位 RGBA 颜色分量。";
            break;
        case 3:
            name = "TYPE_INT_ARGB_PRE,表示一个图像，它具有合成整数像素的8位 RGBA 颜色分量。";
```

```java
            break;
        case 4:
            name = "TYPE_INT_BGR,表示一个具有 8 位 RGB 颜色分量的图像,对应于 Windows 或 Solaris
风格的 BGR 颜色模型,具有打包为整数像素的 Blue、Green 和 Red 三种颜色。";
            break;
        case 5:
            name = "TYPE_3BYTE_BGR,表示一个具有 8 位 RGB 颜色分量的图像,对应于 Windows 风格的
BGR 颜色模型,具有用 3 字节存储的 Blue、Green 和 Red 三种颜色。";
            break;
        case 6:
            name = "TYPE_4BYTE_ABGR,表示一个具有 8 位 RGBA 颜色分量的图像,具有用 3 字节存储的
Blue、Green 和 Red 颜色以及 1 字节的 Alpha。";
            break;
        case 7:
            name = "TYPE_4BYTE_ABGR_PRE,表示一个具有 8 位 RGBA 颜色分量的图像,具有用 3 字节存储
的 Blue、Green 和 Red 颜色以及 1 字节的 Alpha。";
            break;
        case 8:
            name = "TYPE_USHORT_565_RGB,表示一个具有 5-6-5 RGB 颜色分量(5 位 red、6 位 green、
5 位 blue)的图像,不带 Alpha。";
            break;
        case 9:
            name = "TYPE_USHORT_555_RGB,表示一个具有 5-5-5 RGB 颜色分量(5 位 red、5 位 green、
5 位 blue)的图像,不带 Alpha";
            break;
        case 10:
            name = "TYPE_BYTE_GRAY,表示无符号 byte 灰度级图像(无索引)。";
            break;
        case 11:
            name = "TYPE_USHORT_GRAY,表示一个无符号 short 灰度级图像(无索引)。";
            break;
        case 12:
            name = "TYPE_BYTE_BINARY,表示一个不透明的以字节打包的 1、2 或 4 位图像。";
            break;
        case 13:
            name = "TYPE_BYTE_INDEXED,表示带索引的字节图像。";
            break;
    }
    return name;
}
```

【代码 2-5】
```java
public void readImageInfo(String imageName) throws IOException {
    File file = new File(imageName);
    BufferedImage image = ImageIO.read(file);
    // 图像宽
```

```java
int width = image.getWidth();
// 图像高
int height = image.getHeight();
int imageType = image.getType();
ColorModel colorModel = image.getColorModel();
// 每像素位数
int bitsPerPixel = colorModel.getPixelSize();
// 颜色分量数
int colorNum = colorModel.getNumComponents();
ColorSpace colorSpace = colorModel.getColorSpace();
// 色彩空间类型
int colorSpaceType = colorSpace.getType();
// 色彩空间分量数
int colorSpaceNum = colorSpace.getNumComponents();
// 透明度
int transparency = colorModel.getTransparency();
// 支持Alpha 分量吗?
boolean hasAlpha = colorModel.hasAlpha();
// 预乘Alpha 分量吗?
boolean isAlphaPre = colorModel.isAlphaPremultiplied();
System.out.println("图像" + imageName + "信息如下:");
System.out.println("图像的宽度为" + width + "像素,高度为" + height + "像素");
System.out.println("图像类型:" + getImageTypeName(imageType));
System.out.println("一个像素用" + bitsPerPixel + "位表示");
System.out.println("颜色分量数(包括Alpha 分量在内,不支持的除外):" + colorNum);
System.out.println("色彩空间:" + getColorSpaceName(colorSpaceType));
System.out.println("色彩空间分量数:" + colorSpaceNum);
System.out.println("透明度:" + getTransparencyName(transparency));
System.out.println(supportAlpha(hasAlpha) + "Alpha 分量");
if (hasAlpha) {
    System.out.println("像素值" + preMultiplied(isAlphaPre) + "预乘Alpha 值");
}
}
```

Alpha 分量用于指定图像的透明度。例如:一个 16 位的图像,5 位表示红色分量,5 位表示绿色分量,5 位表示蓝色分量,剩余 1 位表示 Alpha 分量。这样一来,Alpha 分量只能是 1 或 0,即不透明、透明两种状态。一个 32 位的图像,每 8 位分别表示红、绿、蓝和 Alpha 分量,那么透明度就可以分 256 来表示。

3. 操作图像像素值

Raster 类表示像素矩形数组。Raster 封装存储样本值的 DataBuffer,以及描述如何在 DataBuffer 中定位给定样本值的 SampleModel。我们可以通过 Raster 的 getPixel 和 setPixel 方法来读写某点的像素值,代码如下。

【代码 2-6】

```java
public void operateImagePixel(String imageName) throws IOException {
    File file = new File(imageName);
    BufferedImage image = ImageIO.read(file);
    WritableRaster raster = image.getRaster();
    int[] pixel = new int[3];
    // 读取点(100,100)处的像素值
    raster.getPixel(100, 100, pixel);
    System.out.println("图像坐标(100,100)处像素为:" + "RGB(" + pixel[0] + ","
            + pixel[1] + "," + pixel[2] + ")");
    pixel[0] = 0;//R
    pixel[1] = 0;//G
    pixel[2] = 0;//B
    // 把从(0,0)到(99,99)的范围设置为黑色
    for (int x = 0; x < 100; x++) {
        for (int y = 0; y < 100; y++) {
            raster.setPixel(x, y, pixel);
        }
    }
    File outFile = new File("resource/set_pixels_image.jpg");
    ImageIO.write(image, "jpg", outFile);
}
```

4. 转换图像格式

利用 ImageIO 类的读写功能，可以很便捷地在支持的图像格式间转换，代码如下。

【代码 2-7】

```java
public void convertImageFormat(String imageName) throws IOException {
    File file = new File(imageName);
    BufferedImage image = ImageIO.read(file);
    String convertedImageName = "resource/converted_image_name.bmp";
    File convertedFile = new File(convertedImageName);
    ImageIO.write(image, "bmp", convertedFile);
}
```

5. 转换色彩空间

JDK 提供了 ColorConvertOp 类，用于对原图像中的数据进行逐像素的颜色转换，并预置了 CS_sRGB、CS_LINEAR_RGB、CS_CIEXYZ、CS_GRAY 和 CS_PYCC 这 5 种色彩空间。我们可以对以上 5 种预置色彩空间进行精确转换，具体实现见代码 2-8。如果要对这 5 种以外色彩空间进行转换，就需要自己读取 ICC 文件。

【代码 2-8】

```java
public void convertImageColorSpace(String imageName) throws IOException {
    File file = new File(imageName);
    BufferedImage image = ImageIO.read(file);
    ColorConvertOp colorConvert = new ColorConvertOp(
            ColorSpace.getInstance(ColorSpace.CS_CIEXYZ), null);
    BufferedImage convertedImage = colorConvert.filter(image, null);
    System.out.println(getColorSpaceName(convertedImage.getColorModel()
            .getColorSpace().getType()));
}
```

在 C:/Windows/System32/spool/drivers/color/路径下存在很多 ICC 文件，如图 2-4 所示。通过 ICC_Profile 类的 getInstance（String fileName）方法，加载 ICC 文件即可获得 ICC_Profile 对象，然后把它输入 ICC_ColorSpace（ICC_Profile profile）构造函数，创建出 ColorSpace 对象后，就可以利用 ColorConvertOp 类进行色彩空间转换了，见代码 2-9。

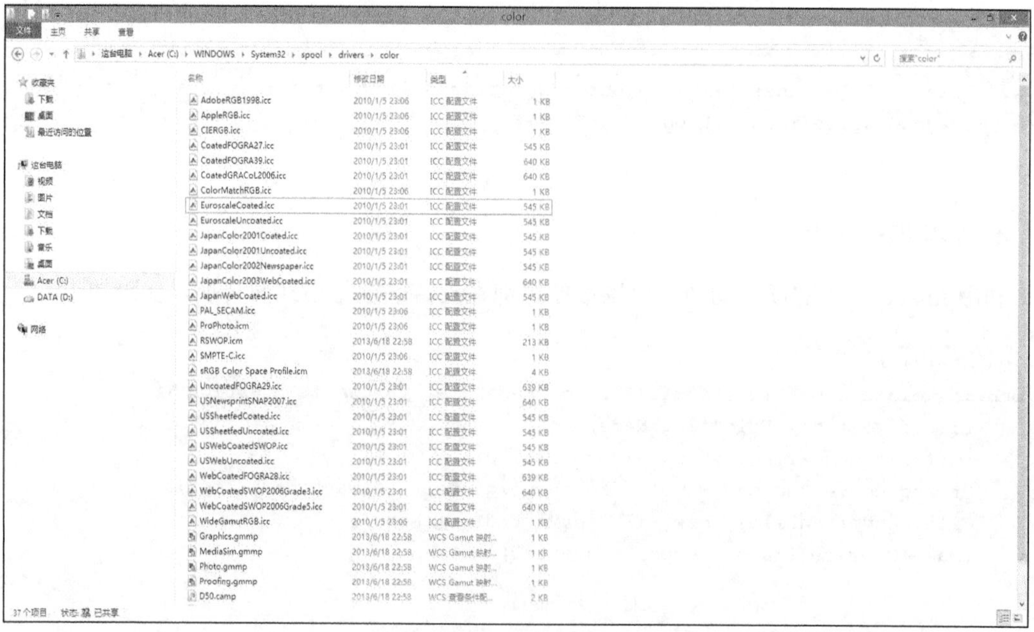

图 2-4　ICC 文件

【代码 2-9】

```java
public void convertImageColorSpaceICC(String imageName, String iccName)
        throws IOException {
    File file = new File(imageName);
    BufferedImage image = ImageIO.read(file);
    String iccPath = "c:/Windows/System32/spool/drivers/color/";
    iccPath += iccName;
    ColorSpace colorSpace = new ICC_ColorSpace(
```

```
            ICC_Profile.getInstance(iccPath));
    ColorConvertOp colorConvert = new ColorConvertOp(colorSpace, null);
    BufferedImage convertedImage = colorConvert.filter(image, null);
    System.out.println(getColorSpaceName(convertedImage.getColorModel()
            .getColorSpace().getType()));
}
```

2.3 图像特征的分类

2.1 节中解释了人类理解和分辨图像的原理。人脑中记忆了关于事物特征和名称的联系，所以我们才能一看到某个事物，就立即说出它的名字。同样，这也是我们不能说出不为我们所知的事物名称的原因。像颜色、纹理、形状，这些能让我们从全局上形容和描述一个事物的特征叫作全局特征。

很多人应该都玩过"找不同"的游戏吧，如图 2-5 所示。当我们看到一个事物时，能立即说出它的颜色、形状和纹理等全局特征。但像找不同这样的图像，我们不能立即说出两个图像的不同点，而需要花时间仔细辨识两个图像的细节，才能找到它们的不同点。图像在细节或局部上的特征，我们称其为局部特征。

图 2-5　找不同

如同人类一样，计算机也是使用颜色、形状、纹理这类全局特征，以及用数学方法提取的像 SIFT、SUFT、BRISK 等这类局部特征来表示图像特征，并以此来区分它们的，但图像特征需要具有以下特点。

（1）代表性。图像特征可以体现这幅图像的特点，能够代表这幅图像。

（2）稳健性。图像在经过旋转、缩放、平移等变化后，图像特征仍能稳定地代表该图像。

（3）可计算性。图像特征可以耗费人类能够接受的时间和资源计算得出。

每种图像特征提取方法都有一定的优缺点和局限性，实际应用中会根据图像的具体特点选择相应的特征提取方法,或者是选择几种图像特征综合使用,来提高图像检索和匹配的准确度。
2.4 节和 2.5 节中将对各类典型的图像特征进行讲解,并通过具体实现代码来逐一说明。[1]

2.4 全局特征

2.4.1 颜色特征

颜色特征提取比较简单,无须进行大量复杂计算,是一种低复杂度的特征提取方法。

1. 颜色直方图

颜色直方图是用于表示图像中各种颜色分布的一种统计图,它反映了图像中的颜色种类和这些颜色出现的次数。1991 年,Swain 和 Ballard 最先提出使用颜色直方图作为图像特征提取方法,并通过实验证实将图像进行旋转、缩放、模糊等变换后对颜色直方图的改变很微小。[2] 颜色直方图性质稳定、计算简便,但由于它并没有体现像素的位置特性,常常使几幅不同的图像却对应相同或相近的颜色直方图。以上特点使其特别适用于难以实现自动分割以及不需要考虑物体空间位置的图像特征提取。

怎样生成颜色直方图呢?

(1)选择一个色彩空间,以 64bins-RGB 某一分量的颜色直方图为例,如图 2-6 所示,代码 2-10 中采用了最常用的 RGB 色彩空间。

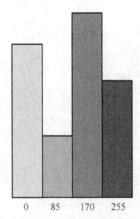

图 2-6 64bins-RGB 某一分量的颜色直方图

(2)定义颜色直方图量化颜色数。计算颜色直方图,首先需要将色彩空间划分为若干个小的颜色区域,每个区域称为一个 bin,这个过程称为颜色量化。颜色量化有很多种方法,我们通常采用均匀量化,也就是把色彩空间平均分为若干份,也可以采用聚类或向量量化以及神经

---

[1] 本章程序由作者自主编写的代码以及部分经过更正和优化的开源代码共同组成。

[2] Swain, Michael J, Ballard, et al. Color indexing[J]. International Journal of Computer Vision, 1991, 7(1):11-32.

网络的方法。bin 的数量越大，颜色量化消耗的资源也越大，我们需要根据具体应用采用适当的量化颜色数值。

（3）颜色直方图归一化。为了使不同分辨率的图像能够进行比较，我们必须把颜色直方图进行归一化，比如将每个 bin 中的值映射为[0, 1]的范围。

【代码 2-10】

```java
package com.ai.deepsearch.features.global.color;

import javax.imageio.ImageIO;
import java.awt.*;
import java.awt.image.BufferedImage;
import java.awt.image.WritableRaster;
import java.io.File;
import java.io.IOException;
import java.util.Arrays;

/**
 * 颜色直方图
 */
public class ColorHistogram {
    // RGB 色彩空间量化为 64 个 bin
    public static int DEFAULT_NUMBER_OF_BINS = 64;

    // 转换为 RGB 色彩空间
    private BufferedImage convertRGB8Image(BufferedImage image) {
        int width = image.getWidth();
        int height = image.getWidth();
        if (image.getType() != BufferedImage.TYPE_INT_RGB) {
            BufferedImage convertedImage = new BufferedImage(width, height, BufferedImage.TYPE_INT_RGB);
            Graphics graphics = convertedImage.getGraphics();
            graphics.drawImage(image, 0, 0, null);
            graphics.dispose();
            return convertedImage;
        }
        return image;
    }

    // 归一化
    private void normalize(int[] histogram) {
        int max = 0;
        for (int i = 0; i < histogram.length; i++) {
            max = Math.max(histogram[i], max);
        }
        for (int i = 0; i < histogram.length; i++) {
```

```java
            histogram[i] = (histogram[i] * 255) / max;
        }
    }

    /***
     * 颜色量化
     * 每个分量4个bin, 共64个
     */
    private int quantize(int[] pixel) {
        int bin = 0;
        bin = (int) Math.round((double) pixel[2] / 85d)
                + (int) Math.round((double) pixel[1] / 85d) * 4
                + (int) Math.round((double) pixel[0] / 85d) * 4 * 4;
        return bin;
    }

    public String getHistogramRepresentation(int[] histogram) {
        String histogramString = "";
        for (int i = 0; i < histogram.length; i++) {
            if(i==histogram.length-1) {
                histogramString += String.valueOf(histogram[i]);
            } else {
                histogramString += String.valueOf(histogram[i])+",";
            }
        }
        return histogramString;
    }

    public int[] computeCH(String imageName) throws IOException {
        File file = new File(imageName);
        BufferedImage image = ImageIO.read(file);
        image = convertRGB8Image(image);
        int width = image.getWidth();
        int height = image.getHeight();
        int[] histogram = new int[DEFAULT_NUMBER_OF_BINS];
        Arrays.fill(histogram, 0);
        WritableRaster raster = image.getRaster();
        int[] pixel = new int[3];
        for (int x = 0; x < width; x++) {
            for (int y = 0; y < height; y++) {
                raster.getPixel(x, y, pixel);
                histogram[quantize(pixel)]++;
            }
        }
        normalize(histogram);
        return histogram;
```

```java
    }
    public static void main(String args[]) {
        try {
            String imageName = "resource/image_name_rgb8.jpg";
            ColorHistogram ch = new ColorHistogram();
            int[] histogram = ch.computeCH(imageName);
            System.out.println("64bins 颜色直方图特征值为:"
                    + ch.getHistogramRepresentation(histogram));
        } catch (IOException e) {
            // TODO Auto-generated catch block
            e.printStackTrace();
        }
    }
}
```

2. 颜色矩

颜色矩是一种更为简单，但有效的颜色特征。Stricker 和 Orengo 在 1995 年依据图像中的任何颜色分布都可以用矩来表示的数学原理，提出了颜色矩的方法。[1]颜色矩又可分为一阶矩（平均数）、二阶矩（方差）和三阶矩（偏度），其数学表达式如式（2-1）所示。一幅 RGB 图像有 3 个颜色分量，每个分量上各有 3 个颜色矩，总共 9 个值，具体实现见代码 2-11。

$$\mu = \frac{1}{N}\sum_{j=1}^{N} p_j$$
$$\sigma = \left(\frac{1}{N}\sum_{j=1}^{N}(p_j - \mu)^2\right)^{\frac{1}{2}} \quad (2\text{-}1)$$
$$s = \left(\frac{1}{N}\sum_{j=1}^{N}(p_j - \mu)^3\right)^{\frac{1}{3}}$$

同颜色直方图相比，颜色矩计算更为简便，无须对特征进行量化。在实际应用中，颜色矩通常和其他特征结合使用，一般在使用其他图像特征前起到缩小范围的作用。

【代码 2-11】

```java
package com.ai.deepsearch.features.global.color;

import javax.imageio.ImageIO;
import java.awt.image.BufferedImage;
```

---

[1] Stricker A M A, Orengo M. Similarity of Color Images[J]. Proc Spie Storage & Retrieval for Image & Video Databases，1995，2420：381-392.

```java
import java.awt.image.WritableRaster;
import java.io.File;
import java.io.IOException;

/**
 * 颜色矩
 */
public class ColorMoments {
    // 计算颜色矩
    public double[][] computeColorMoments(String imageName) throws IOException {
        File file = new File(imageName);
        BufferedImage image = ImageIO.read(file);
        int width = image.getWidth();
        int height = image.getHeight();
        int pixelsSize = width * height;
        WritableRaster raster = image.getRaster();
        int[] pixel = new int[3];
        int sumR = 0;
        int sumG = 0;
        int sumB = 0;
        for (int x = 0; x < raster.getWidth(); x++) {
            for (int y = 0; y < raster.getHeight(); y++) {
                raster.getPixel(x, y, pixel);
                sumR += pixel[0];
                sumG += pixel[1];
                sumB += pixel[2];
            }
        }
        // 一阶矩
        double meanR = sumR / pixelsSize;
        double meanG = sumG / pixelsSize;
        double meanB = sumB / pixelsSize;
        // 二阶矩
        double stdR = 0;
        double stdG = 0;
        double stdB = 0;
        // 三阶矩
        double skwR = 0;
        double skwG = 0;
        double skwB = 0;

        for (int x = 0; x < raster.getWidth(); x++) {
            for (int y = 0; y < raster.getHeight(); y++) {
                raster.getPixel(x, y, pixel);
                stdR += Math.pow(pixel[0] - meanR, 2);
                stdG += Math.pow(pixel[1] - meanG, 2);
```

```java
                    stdB += Math.pow(pixel[2] - meanB, 2);

                    skwR += Math.pow(pixel[0] - meanR, 3);
                    skwG += Math.pow(pixel[1] - meanG, 3);
                    skwB += Math.pow(pixel[2] - meanB, 3);
            }
        }

        stdR = Math.sqrt(stdR / pixelsSize);
        stdG = Math.sqrt(stdG / pixelsSize);
        stdB = Math.sqrt(stdB / pixelsSize);

        skwR = Math.cbrt(skwR / pixelsSize);
        skwG = Math.cbrt(skwG / pixelsSize);
        skwB = Math.cbrt(skwB / pixelsSize);

        double[][] moments = new double[3][3];
        moments[0][0] = meanR;
        moments[0][1] = meanG;
        moments[0][2] = meanB;

        moments[1][0] = stdR;
        moments[1][1] = stdG;
        moments[1][2] = stdB;

        moments[2][0] = skwR;
        moments[2][1] = skwG;
        moments[2][2] = skwB;

        return moments;
    }

    public static void main(String args[]) {
        String imageName = "resource/image_name_rgb8.jpg";
        ColorMoments colorMoments = new ColorMoments();
        try {
            double[][] moments = colorMoments.computeColorMoments(imageName);
            System.out.println("颜色矩为一阶矩 R:" + moments[0][0] + ",一阶矩 G:"
                    + moments[0][1] + ",一阶矩 B:" + moments[0][2] + ",二阶矩 R:"
                    + moments[1][0] + ",二阶矩 G:" + moments[1][1] + ",二阶矩 B:"
                    + moments[1][2] + ",三阶矩 R:" + moments[2][0] + ",三阶矩 G:"
                    + moments[2][1] + ",三阶矩 B:" + moments[2][2]);
        } catch (IOException e) {
            // TODO Auto-generated catch block
            e.printStackTrace();
        }
    }
}
```

3. 颜色聚合向量

颜色直方图、颜色矩等基于颜色分布的图像特征提取方式均未考虑像素空间位置信息，会造成同一颜色分布会对应多个图像的问题。如图 2-7 所示，左右两边是两张明显不同的图像，但它们的颜色直方图却是相同的。

图 2-7　颜色直方图相同的两个图像

为了解决上述问题，Pass 提出了颜色聚合向量（Color Coherence Vector）的概念。[1]颜色聚合向量是颜色直方图加入色彩空间分布信息后的一种演变形式。它将颜色直方图的每个 bin 中的像素分为两种——聚合像素和非聚合像素。如果同一 bin 中的像素所占据的连通区域大于规定的阈值，则该区域的像素都属于聚合像素，否则属于非聚合像素。假设 bin_i 中的连通像素数目为 α_i，非连通像素数目为 β_i，bin_i 中的像素总数为 $\alpha_i+\beta_i$。一幅图像的颜色聚合向量可表示为$<(\alpha_1, \beta_1)$，(α_2, β_2)，…，$(\alpha_n, \beta_n)>$。经过进一步思考，我们可以得知$<(\alpha_1+\beta_1)$，$(\alpha_2+\beta_2)$，…，$(\alpha_n+\beta_n)>$正是该图像的颜色直方图。这也从另一个方面证实了颜色聚合向量是由颜色直方图演变而来的。

构造颜色聚合向量的过程如下（具体实现参考代码 2-12）。

（1）首先将图像统一尺寸。

（2）对图像使用 3×3 模板进行高斯模糊，用 8 邻域均值替代原值。

（3）量化色彩空间，减少颜色数目。

（4）依据连通性统计结果将每个像素分为聚合和非聚合。

（5）统计各量化颜色的聚合和非聚合像素数量。

（6）归一化。

【代码 2-12】

```
package com.ai.deepsearch.features.global.color;

import javax.imageio.ImageIO;
import java.awt.*;
import java.awt.image.BufferedImage;
import java.awt.image.ConvolveOp;
```

---

[1] Pass G, Zabih R, Miller J. Comparing images using color coherence vectors[C]// ACM International Conference on Multimedia. ACM, 1997:65-73.

```java
import java.awt.image.Kernel;
import java.io.File;
import java.io.IOException;

/**
 * 颜色聚合向量
 */
public class ColorCoherenceVector {
    private int[] currImage;
    private int[][] colorTagged;
    private int differentAreasNum;
    private double[] alpha;
    private double[] beta;

    private final double t = 0.00000001;
    private final int THRESHOLD = 15;

    // 统一尺寸
    private BufferedImage resizeImage(BufferedImage image) {
        int limit = 400;
        int width = image.getWidth();
        int height = image.getHeight();
        if (width < height) {
            width = width * limit / height;
            height = limit;
        } else {
            height = height * limit / width;
            width = limit;
        }
        BufferedImage resizedImage = new BufferedImage(width, height,
                BufferedImage.TYPE_INT_RGB);
        Graphics2D graphics = (Graphics2D) resizedImage.getGraphics();
        graphics.setRenderingHint(RenderingHints.KEY_ANTIALIASING,
                RenderingHints.VALUE_ANTIALIAS_ON);
        graphics.drawImage(image, 0, 0, width, height, null);
        graphics.dispose();
        return resizedImage;
    }

    // 生成高斯核
    private float[] generateGaussianKernel(int radius, float sigma) {
        float center = (float) Math.floor((radius + 1) / 2);
        float[] kernel = new float[radius * radius];
        float sum = 0;
        for (int y = 0; y < radius; y++) {
            for (int x = 0; x < radius; x++) {
```

```java
                    int offset = y * radius + x;
                    float distX = x - center;
                    float distY = y - center;
                    kernel[offset] = (float) ((1 / (2 * Math.PI * sigma * sigma)) * Math
                            .exp(-(distX * distX + distY * distY)
                                    / (2 * (sigma * sigma))));
                    sum += kernel[offset];
                }
            }
            // 归一化
            for (int i = 0; i < kernel.length; i++)
                kernel[i] /= sum;
            return kernel;
        }

        // 采用 3×3 模板进行高斯模糊
        private BufferedImage gaussianBlur(BufferedImage image) {
            ConvolveOp gaussian = new ConvolveOp(new Kernel(3, 3,
                    generateGaussianKernel(3, 0.8f)), ConvolveOp.EDGE_NO_OP, null);
            return gaussian.filter(image, null);
        }

        // 重新量化色彩空间
        private void colorsReduction(BufferedImage image) {
            int width = image.getWidth();
            int height = image.getHeight();
            currImage = image.getRGB(0, 0, width, height, null, 0, width);
            // 192 的二进制是 11000000，相当于将每个颜色分量由 8bit 转化为 2bit，也就是将颜色数目减少为 64
            int flag = 192;
            for (int i = 0; i < currImage.length; ++i) {
                int r = (currImage[i] >> 16) & flag;
                int g = (currImage[i] >> 8) & flag;
                int b = currImage[i] & flag;
                currImage[i] = (r << 16) + (g << 8) + b;
            }
        }

        // 标记连通性
        private void tagColor(int width, int height) {
            colorTagged = new int[height][width];
            differentAreasNum = 0;
            for (int row = 0; row < height; row++) {
                for (int col = 0; col < width; col++) {
                    int color = currImage[row * width + col];
                    if (row > 0) {
                        // 左上角
```

```java
                    if (col > 0) {
                        if (currImage[(row - 1) * width + col - 1] == color) {
                            colorTagged[row][col] = colorTagged[row - 1][col - 1];
                            continue;
                        }
                    }
                    // 上
                    if (currImage[(row - 1) * width + col] == color) {
                        colorTagged[row][col] = colorTagged[row - 1][col];
                        continue;
                    }
                    // 右上角
                    if (col < width - 1) {
                        if (currImage[(row - 1) * width + col + 1] == color) {
                            colorTagged[row][col] = colorTagged[row - 1][col + 1];
                            continue;
                        }
                    }
                }
                // 左
                if (col > 0) {
                    if (currImage[row * width + col - 1] == color) {
                        colorTagged[row][col] = colorTagged[row][col - 1];
                        continue;
                    }
                }
                colorTagged[row][col] = differentAreasNum;
                differentAreasNum++;
            }
        }
    }

    private void computeCoherence(int width, int height) {
        int[] count = new int[differentAreasNum];
        int[] color = new int[differentAreasNum];

        for (int x = 0; x < height; x++) {
            for (int y = 0; y < width; y++) {
                count[colorTagged[x][y]]++;
                color[colorTagged[x][y]] = currImage[x * width + y];
            }
        }

        alpha = new double[64];
        beta = new double[64];
```

```java
        for (int i = 0; i < differentAreasNum; ++i) {
            // d 当前颜色，代表 24bits RGB
            int d = color[i];
            // 转换 d 至 6bits RGB,范围 0-63
            color[i] = (((d >> 22) & 3) << 4) + (((d >> 14) & 3) << 2)
                + ((d >> 6) & 3);
            if (count[i] < t * width * height || count[i] < THRESHOLD) {
                beta[color[i]]++;
            } else {
                alpha[color[i]]++;
            }
        }
    }

    // 归一化
    private void normalize(int width, int height) {
        for (int i = 0; i < alpha.length; i++) {
            if (alpha[i] == 0 && beta[i] == 0)
                continue;
            alpha[i] /= width * height;
            beta[i] /= width * height;
        }
    }

    public void computeCCV(String imageName) throws IOException {
        File file = new File(imageName);
        BufferedImage image = ImageIO.read(file);
        image = resizeImage(image);
        image = gaussianBlur(image);
        colorsReduction(image);
        int width = image.getWidth();
        int height = image.getHeight();
        tagColor(width, height);
        computeCoherence(width, height);
        normalize(width, height);
    }

    public String getCCVRepresentation() {
        String ccv = "";
        for (int i = 0; i < alpha.length; ++i) {
            if (alpha[i] == 0 && beta[i] == 0)
                continue;
            ccv += String.format("%2d (%3f, %3f)%n", i, alpha[i], beta[i]);
        }
        return ccv;
    }
```

```java
    public static void main(String args[]) {
        try {
            String imageName = "resource/image_name_rgb8.jpg";
            ColorCoherenceVector ccv = new ColorCoherenceVector();
            ccv.computeCCV(imageName);
            String ccvString = ccv.getCCVRepresentation();
            System.out.println(ccvString);
        } catch (IOException e) {
            // TODO Auto-generated catch block
            e.printStackTrace();
        }
    }
}
```

2.4.2 纹理特征

纹理是一种反映物体表面结构变化的属性，也就是我们通常所说的"花纹"，比如木纹、云彩等，如图 2-8 所示。

图 2-8　木纹和云彩的纹理

图像纹理特征按照提取方法的不同，可分为基于几何的方法、基于结构的方法、基于模型的方法、基于统计的方法和基于信号处理的方法 5 种。

基于几何的方法依赖统计几何特征来描述图像纹理，但该方法受到各种限制，人们对它的研究较少。

基于结构的方法会假设图像是由一系列的纹理基元按照一定的规律或重复性关系组合而成的。这种方法比较适合人工合成纹理，不适合自然纹理。

基于模型的方法会假设图像纹理是由一定参数控制的分布模型形成的。统计法和信号处理法是目前常用的两种纹理特征提取方法。统计法归纳图像纹理区域中的某些统计特性，信号处理法利用傅里叶变换、Gabor 变换、小波变换等方法，将时域信号转换为频域信号后再进行特征提取。图像搜索中常用到的纹理特征提取方法主要有 Tamura 纹理特征、灰度共生矩阵和 Gabor 纹理特征等。

1. Tamura 纹理特征

1978 年，Tamura 等人根据人类对纹理的视觉感知心理学研究，提出了包含粗糙度、对比度、方向度、线像度、规整度和粗略度 6 种属性的纹理特征描述法。[1]其中，前 3 个属性对于图像相似度的区分特别重要。

3 个分量的计算，首先需要将图像灰度化。

粗糙度代表图像纹理粗糙的程度，其计算过程分为如下几步，对应代码 2-13。

（1）计算以图像中的一点(x,y)为中心，大小为 $2^k \times 2^k$ 的活动窗口内像素的平均灰度值，记为 $A_k(x,y)$。在式（2-2）中，$k=0,1,\cdots,5$，$g(i,j)$代表活动窗口内的点(i,j)的像素灰度值。

$$A_k(x,y) = \sum_{i=x-2^{k-1}}^{x+2^{k-1}-1} \sum_{j=y-2^{k-1}}^{y+2^{k-1}-1} g(i,j)/2^{2k} \tag{2-2}$$

（2）在图像内移动活动窗口，分别计算水平方向和垂直方向上互不重叠的窗口间的平均灰度差。在式（2-3）中，$A_k(x+2^{k-1},y)$表示以$(x+2^{k-1},y)$为中心，$2^k \times 2^k$ 大小的窗口内的平均灰度值。

$$\begin{aligned} E_{k,h}(x,y) &= \left| A_k(x+2^{k-1},y) - A_k(x-2^{k-1},y) \right| \quad \text{水平方向平均灰度差} \\ E_{k,v}(x,y) &= \left| A_k(x,y+2^{k-1}) - A_k(x,y-2^{k-1}) \right| \quad \text{垂直方向平均灰度差} \end{aligned} \tag{2-3}$$

（3）对于点(x,y)，无论是式（2-3）中的水平方向平均灰度差 $E_{k,h}$，还是垂直方向平均灰度差 $E_{k,v}$，都要找出能使 E 最大的 k 值来设置最佳尺寸 $S_{\text{best}}(x,y)=2^k$。

（4）计算图像中每个像素点的 S_{best} 值，累加后求平均值就得到图像的粗糙度 F_{crs}。

$$F_{crs} = \frac{1}{m \times n} \sum_{i=1}^{m} \sum_{j=1}^{n} S_{\text{best}}(i,j) \tag{2-4}$$

下面来计算对比度，图像对比度是统计像素均值、方差、峰态情况而得的。在式（2-5）中，σ 表示像素灰度值的标准差，α_4 表示灰度值的峰态，它描述了数据在中心的聚集程度。

$$\begin{aligned} F_{con} &= \frac{\sigma}{\alpha_4^{1/4}} \\ \sigma &= \sqrt{\frac{1}{n}\sum_{i=1}^{n}(g_i - \overline{g}_i)^2} \\ \alpha_4 &= \frac{\mu_4}{\sigma^4}, \quad \mu_4 = \frac{1}{n}\sum_{i=1}^{n}(g_i - \overline{g}_i)^4 \end{aligned} \tag{2-5}$$

方向度的计算过程如下。

（1）首先计算每个像素点的梯度ΔG 和梯度方向θ：

---

[1] Tamura H, Mori S, Yamawaki T. Textural Features Corresponding to Visual Perception[J]. IEEE Trans.syst.man.cybernetic, 1978, 8(6):460-473.

2.4 全局特征

$$|\Delta G| = (|\Delta H| + |\Delta V|)/2$$
$$\theta = \arctan\left(\frac{\Delta V}{\Delta H}\right) + \pi/2 \tag{2-6}$$

在式（2-6）中，ΔH 和 ΔV 分别是图像与下列 3×3 滤波算子进行卷积的结果。

1	0	-1
1	0	-1
1	0	-1

计算 ΔH 的滤波算子

1	1	1
0	0	0
-1	-1	-1

计算 ΔV 的滤波算子

（2）我们把 $0\sim\pi$ 区域划分成 n 等分（n 一般取值 16）。统计当 $|\Delta G| \geq t$（t 一般取值 12）时，相应的 θ 所在区间像素数量而形成的直方图 H_D。

$$H_D(k) = \frac{N_\theta(k)}{\sum_{i=0}^{n-1} N_\theta(k)}, k = 0, 1, \cdots, n-1 \tag{2-7}$$

（3）通过计算直方图 H_D 中峰值的尖锐程度来表示图像纹理总体的方向性，如图 2-9 所示。方向度计算如式（2-8）所示，其中 n_p 是直方图 H_D 中峰值的数量，φ_p 是第 p 个峰值，ω_p 是包含第 p 个峰值谷之间的范围，r 是和 φ 的量化相关的归一化系数。

$$F_{dir} = 1 - r \times n_p \times \sum_{p}^{n_p} \sum_{\varphi \in \omega_p} (\varphi - \varphi_p)^2 \times H_D(\varphi) \tag{2-8}$$

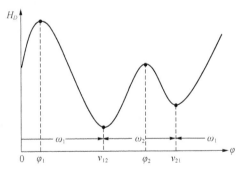

图 2-9 方向直方图 H_D

【代码 2-13】

```
package com.ai.deepsearch.features.global.texture;

import com.ai.deepsearch.utils.ImageUtil;

import javax.imageio.ImageIO;
import java.awt.*;
```

```java
import java.awt.color.ColorSpace;
import java.awt.image.BufferedImage;
import java.awt.image.ColorConvertOp;
import java.awt.image.WritableRaster;
import java.io.File;
import java.io.IOException;

/**
 * Tamura 特征
 */
public class Tamura {
    private static final int MAX_IMG_HEIGHT = 64;
    private int histogramBins = 16;
    private double histogramThreshold = 12.0;
    private int[][] grayScales;
    private double[] histogram;
    //Prewitt 梯度算子
    private static final double[][] prewittFilterH = {{-1, 0, 1}, {-1, 0, 1}, {-1, 0, 1}};
    private static final double[][] prewittFilterV = {{-1, -1, -1}, {0, 0, 0}, {1, 1, 1}};

    /*
     * 计算粗糙度(Coarseness)
     */

    // 步骤1.计算以点(x,y)为中心，$2^k \times 2^k$ 大小的活动窗口内像素的平均灰度值
    private double averageOverNeighborhoods(int x, int y, int k, int width, int heigh{
        double result = 0;
        double border = Math.pow(2, k);
        int x0 = 0, y0 = 0;

        for (int i = 0; i < border; i++) {
            for (int j = 0; j < border; j++) {
                // $x-2^{k-1}$
                x0 = x - (int) Math.pow(2, k - 1) + i;
                // $y-2^{k-1}$
                y0 = y - (int) Math.pow(2, k - 1) + j;
                //如果活动窗口移动到图像以外
                if (x0 < 0) x0 = 0;
                if (y0 < 0) y0 = 0;
                if (x0 >= width) x0 = width - 1;
                if (y0 >= height) y0 = height - 1;

                result = result + grayScales[x0][y0];
            }
```

2.4 全局特征

```java
        }
        // 2^k × 2^k=2^{2k}
        result = result / Math.pow(2, 2 * k);
        return result;
    }

    // 步骤2.点(x,y)在水平方向上互不重叠的活动窗口间的平均强度差
    private double differencesBetweenNeighborhoodsHorizontal(int x, int y, int k, int width, int height) {
        double result = 0;
        // |(x+2^{k-1},y)-(x-2^{k-1},y)|
        result = Math.abs(this.averageOverNeighborhoods(
                x + (int) Math.pow(2, k - 1), y, k, width, height)
                - this.averageOverNeighborhoods(x - (int) Math.pow(2, k - 1),
                y, k, width, height));
        return result;
    }

    // 接步骤2.点(x,y)在垂直方向上互不重叠的活动窗口间的平均强度差
    private double differencesBetweenNeighborhoodsVertical(int x, int y, int k, int width, int height) {
        double result = 0;
        // |(x,y+2^{k-1})-(x,y-2^{k-1})|
        result = Math.abs(this.averageOverNeighborhoods(x,
                y + (int) Math.pow(2, k - 1), k, width, height)
                - this.averageOverNeighborhoods(x,
                y - (int) Math.pow(2, k - 1), k, width, height));
        return result;
    }

    // 步骤3.点(x,y),找出能使平均强度差(无论水平还是垂直方向)最大的k值
    private int findBestK(int x, int y, int width, int height) {
        double result = 0, best=0;
        int maxK = 1;

        for (int k = 0; k < 3; k++) {
            best = Math.max(
                    this.differencesBetweenNeighborhoodsHorizontal(x, y, k, width, height),
                    this.differencesBetweenNeighborhoodsVertical(x, y, k, width, height));
            if (result < best) {
                maxK = k;
                result = best;
            }
        }
```

```java
        return maxK;
    }

    // 粗糙度
    // m 为图像宽度 , n 为图像高度
    private double coarseness(int m, int n) {
        double result = 0;
        for (int i = 1; i < m - 1; i++) {
            for (int j = 1; j < n - 1; j++) {
                result = result + Math.pow(2, this.findBestK(i, j, m, n));
            }
        }
        result = result / (m * n);
        return result;
    }

    /*
     * 计算对比度(Constrast)
     */

    // 图像灰度平均值
    private double calculateMean(int width, int height) {
        double mean = 0;

        for (int x = 0; x < width; x++) {
            for (int y = 0; y < height; y++) {
                mean = mean + this.grayScales[x][y];
            }
        }
        mean = mean / (width * height);
        return mean;
    }

    // 图像灰度标准差
    private double calculateSigma(double mean, int width, int height) {
        double result = 0;

        for (int x = 0; x < width; x++) {
            for (int y = 0; y < height; y++) {
                result = result + Math.pow(this.grayScales[x][y] - mean, 2);
            }
        }
        result = result / (width * height);
        return Math.sqrt(result);
    }
```

```java
// 峰态
private double calculateKurtosis(int width, int height) {
    double alpha4 = 0;
    double mu4 = 0;
    double mean = this.calculateMean(width, height);
    double sigma = this.calculateSigma(mean, width, height);

    for (int x = 0; x < width; x++) {
        for (int y = 0; y < height; y++) {
            mu4 = mu4 + Math.pow(this.grayScales[x][y] - mean, 4);
        }
    }
    mu4 = mu4 / (width * height);
    alpha4 = mu4 / (Math.pow(sigma, 4));
    return alpha4;
}

// 对比度
private double contrast(int width, int height) {
    double result = 0;
    double mean = this.calculateMean(width, height);
    double sigma = this.calculateSigma(mean, width, height);

    if (sigma <= 0) return 0;

    double alpha4 = this.calculateKurtosis(width, height);
    result = sigma / (Math.pow(alpha4, 0.25));
    return result;
}

/*
 * 计算方向度(Directionality)
 */

// 点(x,y)与prewittFilterH进行卷积
private double calculateDeltaH(int x, int y) {
    double result = 0;

    for (int i = 0; i < 3; i++) {
        for (int j = 0; j < 3; j++) {
            result += this.grayScales[x - 1 + i][y - 1 + j] * prewittFilterH[i][j];
        }
    }
    return result;
}
```

```java
// 点(x,y)与prewittFilterV进行卷积
private double calculateDeltaV(int x, int y) {
    double result = 0;

    for (int i = 0; i < 3; i++) {
        for (int j = 0; j < 3; j++) {
            result += this.grayScales[x - 1 + i][y - 1 + j] * prewittFilterV[i][j];
        }
    }
    return result;
}

private int[] directionalHistogram(int width, int height, int totalBinCount) {
    totalBinCount = 0;
    int binWindow = 0;
    int bin[] = new int[this.histogramBins];

    for (int x = 1; x < width - 1; x++) {
        for (int y = 1; y < height - 1; y++) {
            double deltaV = this.calculateDeltaV(x, y);
            double deltaH = this.calculateDeltaH(x, y);
            double deltaG = (Math.abs(deltaH) + Math.abs(deltaV)) / 2;
            double theta = Math.atan2(deltaV, deltaH);
            //将atan控制在-PI/2至PI/2间
            if (theta < -Math.PI / 2.0) {
                theta = theta + Math.PI;
            } else if (theta > Math.PI / 2.0) {
                theta = theta - Math.PI;
            }
            //将theta范围控制在0至PI间
            theta = theta + Math.PI / 2.0;
            if (deltaG >= this.histogramThreshold) {
                totalBinCount++;
                //把0至PI的区域划分为16等份
                binWindow = (int) (theta / (Math.PI / this.histogramBins));
                if (binWindow == histogramBins) {
                    binWindow = 0;
                }
                bin[binWindow]++;
            }
        }
    }
    return bin;
}

//归一化
```

2.4 全局特征

```java
    private double[] normalizeHistogram(int[] bin, int totalBinCount) {
        double histogramNormalization[] = new double[histogramBins];
        for (int i = 0; i < histogramBins; i++) {
            histogramNormalization[i] = (double) bin[i] / (double) totalBinCount;
        }
        return histogramNormalization;
    }

    // 方向度
    private double directionality(int width, int height) {
        int totalBinCount = 0;
        int bin[] = new int[this.histogramBins];
        bin = directionalHistogram(width, height, totalBinCount);
        //归一化后的直方图
        double Hd[] = new double[this.histogramBins];
        Hd = normalizeHistogram(bin, totalBinCount);
        int lastPeak = -1;
        int lastValley = -1;
        int peakCount = 0;
        double directionality = 0d;
        for (int i = 0; i < Hd.length - 1; i++) {
            double phiDiff = Hd[i + 1] - Hd[i];
            if (phiDiff > 0 && lastValley == -1) {
                lastValley = i;
                lastPeak = -1;
            } else if (phiDiff < 0 && lastPeak == -1) {
                peakCount++;
                lastPeak = i;
                if (lastValley != -1) {
                    for (int j = lastValley; j < i; j++) {
                        directionality += Math.pow(j - i, 2) * Hd[j];
                    }
                    lastValley = -1;
                }
            } else if (phiDiff < 0) {
                directionality += Math.pow(i - lastPeak, 2) * Hd[i];
            }
        }
        //方向度计算公式
        double r = this.histogramBins / Math.PI;
        directionality = 1 - r * peakCount * directionality;
        return directionality;
    }

    public String getTamruaRepresentation() {
        StringBuilder sb = new StringBuilder(histogram.length);
```

```java
        for (int i = 0; i < histogram.length; i++) {
            if(i==histogram.length-1) {
                sb.append(histogram[i]);
            } else {
                sb.append(histogram[i]+",");
            }
        }
        return sb.toString().trim();
    }

    public void computeTamrua(String imageName) throws IOException {
        File file = new File(imageName);
        BufferedImage image = ImageIO.read(file);
        // tamura 直方图
        histogram = new double[3];
        // 转换为灰度色彩空间
        ColorConvertOp colorConvertOp = new ColorConvertOp(image
                .getColorModel().getColorSpace(),
                ColorSpace.getInstance(ColorSpace.CS_GRAY), new RenderingHints(
                RenderingHints.KEY_COLOR_RENDERING,
                RenderingHints.VALUE_COLOR_RENDER_QUALITY));
        BufferedImage grayImage = colorConvertOp.filter(image, null);
        // 统一图像大小
        grayImage = ImageUtil.scaleImage(grayImage, MAX_IMG_HEIGHT);
        WritableRaster raster = grayImage.getRaster();
        int width = raster.getWidth();
        int height = raster.getHeight();
        int[] pixel = new int[3];
        this.grayScales = new int[width][height];
        for (int x = 0; x < width; x++) {
            for (int y = 0; y < height; y++) {
                raster.getPixel(x, y, pixel);
                this.grayScales[x][y] = pixel[0];
            }
        }

        int grayWidth = grayImage.getWidth();
        int grayHeight = grayImage.getHeight();
        //粗糙度
        histogram[0] = this.coarseness(grayWidth, grayHeight);
        //对比度
        histogram[1] = this.contrast(grayWidth, grayHeight);
        //方向度
        histogram[2] = this.directionality(grayWidth, grayHeight);
    }
```

```
    public static void main(String args[]) {
        try {
            String imageName = "resource/image_name_rgb8.jpg";
            Tamura tamura = new Tamura();
            tamura.computeTamrua(imageName);
            System.out.println(tamura.getTamruaRepresentation());
        } catch (IOException e) {
            // TODO Auto-generated catch block
            e.printStackTrace();
        }
    }
}
```

2. 灰度共生矩阵（Gray-Level Cooccurrence Matrix，GLCM）

1973 年，Haralick 等人在一篇名为 *Textural Features for Image Classification* 的论文中提出了灰度共生矩阵的概念。[1]灰度共生矩阵在原文中被称为 Gray-Tone Spatial-Dependence Matrices。它描述了纹理灰度值空间分布的相关性，是图像灰度在一定约束条件下共同出现的概率分布情况。

如图 2-10 所示，一幅图像使用灰度级 0~3 可表示为矩阵 g。图像 a 指出了坐标移动的 4 个方向——水平、主对角线、垂直、副对角线（相对方向计入同一个方向），分别用 0°、45°、90°、135°来表示，移动的距离为 1 个单位（d=1）。g_1~g_4 表示 4 个方向上的灰度共生矩阵，比如 g_1 表示 g 中水平相邻的灰度共同出现的概率。红色椭圆圈出的灰度对（0，0）共同出现了 4 次，在矩阵 g_1（0，0）格中用 4 除以总次数 24 而形成的概率表示。

Haralick 从图像的灰度共生矩阵中提取了 28 种特征值用来表征该图像。这 28 种特征值有些是强相关的，我们在应用中通常选取它们的子集来表征图像纹理特征（以下公式中 $P(i,j)$ 代表灰度共生矩阵中的数值，N_g 代表灰度级，灰度值范围为[$1..N_g$]），对应代码 2-14。

（1）角二阶矩（Angular Second Moment，ASM），也称为能量，它代表了图像灰度分布的均匀程度和纹理的粗细程度。

$$ASM = \sum_{i=1}^{N_g}\sum_{j=1}^{N_g} P(i,j)^2 \tag{2-9}$$

（2）对比度（Contrast）反映了图像的清晰度和纹理沟纹深浅的程度。

$$Contrast = \sum_{i=1}^{N_g}\sum_{j=1}^{N_g} (i-j)^2 P(i,j) \tag{2-10}$$

---

[1] Haralick R M, Shanmugam K, Dinstein I. Textural Features for Image Classification[J]. Systems Man & Cybernetics IEEE Transactions on, 1973, smc-3(6):610-621.

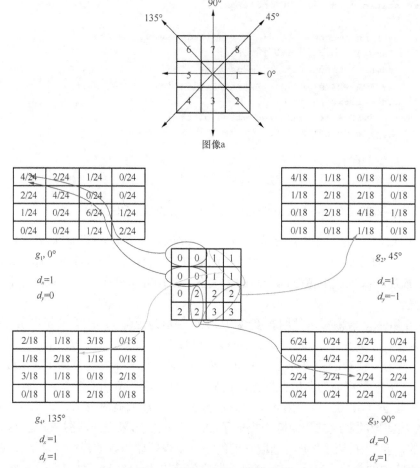

图 2-10 图像 a 及其灰度共生矩阵

（3）相关性（Correlation）代表了灰度共生矩阵在水平和垂直方向数值的相似程度，当数值比较均匀时，相关性就大，如果数值相差很大，相关性就小。在式（2-11）中，μ_x、μ_y 代表 x 以及 y 方向的均值，σ_x、σ_y 代表 x 和 y 方向的标准差。

$$Correlation = \sum_{i=1}^{N_g}\sum_{j=1}^{N_g}\frac{(i-\mu_x)(j-\mu_y)P(i,j)}{\sigma_x\sigma_y} \quad (2\text{-}11)$$

（4）同质性（Homogeneity），也叫逆差距，用来度量纹理局部变化的多少。如果同质性大，说明图像纹理的区域间缺少变化。

$$Homogeneity = \sum_{i=1}^{N_g}\sum_{j=1}^{N_g}\frac{P(i,j)}{1+|i-j|} \quad (2\text{-}12)$$

（5）熵（Entropy），灰度共生矩阵的熵是一种广义上的熵，表示携带的信息量。如果灰度共生矩阵中的像素点对 (i,j) 出现的概率一样，那么它们携带的信息量是一致的，这时熵最大。

$$Entropy = -\sum_{i=1}^{N_g}\sum_{j=1}^{N_g} P(i,j)\ln(P(i,j)) \qquad (2\text{-}13)$$

【代码 2-14】

```java
package com.ai.deepsearch.features.global.texture;

import com.ai.deepsearch.utils.ImageUtil;

import javax.imageio.ImageIO;
import java.awt.*;
import java.awt.color.ColorSpace;
import java.awt.image.BufferedImage;
import java.awt.image.ColorConvertOp;
import java.awt.image.WritableRaster;
import java.io.File;
import java.io.IOException;

/**
 * 灰度共生矩阵
 */
public class GLCM {
    private static final int MAX_IMG_HEIGHT = 64;
    private static final int DEAFAULT_GRAY_LEVEL = 10;
    // 灰度共生矩阵特征值
    private double contrast = 0d;
    private double correlation = 0d;
    private double energy = 0d;
    private double homogeneity = 0d;
    private double entropy = 0d;

    // 计算对比度
    private double computeContrast(double[][] GLCM) {
        double contrast = 0d;
        int levels = GLCM.length;
        for (int x = 0; x < levels; x++) {
            for (int y = 0; y < levels; y++) {
                contrast += (x - y) * (x - y) * GLCM[x][y];
            }
        }
        return contrast;
    }

    // 计算相关性
    private double computeCorrelation(double[][] GLCM) {
```

```java
            double correlation = 0d;
            int levels = GLCM.length;

            double meanX = 0;
            double meanY = 0;
            for (int x = 0; x < levels; x++) {
                for (int y = 0; y < levels; y++) {
                    meanX += x * GLCM[x][y];
                    meanY += y * GLCM[x][y];
                }
            }

            double stdX = 0;
            double stdY = 0;
            for (int x = 0; x < levels; x++) {
                for (int y = 0; y < levels; y++) {
                    stdX += (x - meanX) * (x - meanX) * GLCM[x][y];
                    stdY += (y - meanY) * (y - meanY) * GLCM[x][y];
                }
            }
            stdX = Math.sqrt(stdX);
            stdY = Math.sqrt(stdY);

            for (int x = 0; x < levels; x++) {
                for (int y = 0; y < levels; y++) {
                    double num = (x - meanX) * (y - meanY) * GLCM[x][y];
                    double denum = stdX * stdY;
                    correlation += num / denum;
                }
            }
            return correlation;
        }

        // 计算能量
        private double computeEnergy(double[][] GLCM) {
            double energy = 0d;
            int levels = GLCM.length;
            for (int x = 0; x < levels; x++) {
                for (int y = 0; y < levels; y++) {
                    energy += GLCM[x][y] * GLCM[x][y];
                }
            }
            return energy;
        }

        // 计算同质性
```

2.4 全局特征

```java
    private double computeHomogeneity(double[][] GLCM) {
        double homogeneity = 0d;
        int levels = GLCM.length;
        for (int x = 0; x < levels; x++) {
            for (int y = 0; y < levels; y++) {
                homogeneity += GLCM[x][y] / (1 + Math.abs(x - y));
            }
        }
        return homogeneity;
    }

    // 计算熵
    private double computeEntropy(double[][] GLCM) {
        double entropy = 0d;
        int levels = GLCM.length;
        for (int x = 0; x < levels; x++) {
            for (int y = 0; y < levels; y++) {
                if (GLCM[x][y] != 0) {
                    entropy += -GLCM[x][y] * Math.log(GLCM[x][y]);
                }
            }
        }
        return entropy;
    }

    // 将图像灰度值用灰度级数来表示
    private static int[][] computeLeveledMatrix(int[][] matrix, int levels,
                                                double minLevel, double maxLevel) {
        int[][] leveledMatrix = new int[matrix.length][matrix[0].length];

        for (int x = 0; x < matrix.length; x++) {
            for (int y = 0; y < matrix[0].length; y++) {

                int grayLevel = (int) (Math.floor((matrix[x][y] - minLevel)
                        * levels / maxLevel));
                if (grayLevel < 0) {
                    grayLevel = 0;
                } else if (grayLevel >= levels) {
                    grayLevel = levels - 1;
                }
                leveledMatrix[x][y] = grayLevel;
            }
        }
        return leveledMatrix;
    }
```

```java
// 使用Haralick方法生成灰度共生矩阵
private double[][] computeGLCMHaralick(int[][] leveledMatrix, int degree,
                                       int levels) {
    double[][] GLCM = new double[levels][levels];
    int sum = 0;
    int width = leveledMatrix.length;
    int height = leveledMatrix[0].length;
    int dx = 0;
    int dy = 0;
    if (degree == 0) {
        dx = 1;
        dy = 0;
    }
    if (degree == 45) {
        dx = 1;
        dy = -1;
    }
    if (degree == 90) {
        dx = 0;
        dy = 1;
    }
    if (degree == 135) {
        dx = 1;
        dy = 1;
    }
    for (int x = 0; x < width; x++) {
        for (int y = 0; y < height; y++) {
            // dx,dy 共生点的x,y偏移量
            if (x + dx >= 0 && y + dy >= 0 && x + dx < width
                    && y + dy < height) {
                int v1 = leveledMatrix[x][y];
                int v2 = leveledMatrix[x + dx][y + dy];
                // v1和v2相等时,各方向包括相对的两个方向,比如0°,包括0°方向和180°方向,
                //所以记数两次。
                if (v1 == v2) {
                    sum += 2;
                    GLCM[v1][v2] += 2;
                } else {
                    sum++;
                    GLCM[v1][v2]++;
                }
            }
        }
    }
    // 归一化
    for (int x = 0; x < levels; x++) {
```

```java
            for (int y = 0; y < levels; y++) {
                GLCM[x][y] /= sum;
            }
        }
        return GLCM;
    }

    // 根据灰度共生矩阵计算图像纹理特征值
    public void computeGLCMFeatures(String imageName) throws IOException {
        File file = new File(imageName);
        BufferedImage image = ImageIO.read(file);
        // 转换为灰度色彩空间
        ColorConvertOp colorConvertOp = new ColorConvertOp(image
                .getColorModel().getColorSpace(),
                ColorSpace.getInstance(ColorSpace.CS_GRAY), new RenderingHints(
                RenderingHints.KEY_COLOR_RENDERING,
                RenderingHints.VALUE_COLOR_RENDER_QUALITY));
        BufferedImage grayImage = colorConvertOp.filter(image, null);
        // 统一图像大小
        grayImage = ImageUtil.scaleImage(grayImage, MAX_IMG_HEIGHT);
        WritableRaster raster = grayImage.getRaster();
        int width = raster.getWidth();
        int height = raster.getHeight();
        int[] pixel = new int[3];
        int[][] grayScales = new int[width][height];
        // 最小、最大像素值
        double minLevel = Double.MAX_VALUE;
        double maxLevel = -1;
        for (int x = 0; x < width; x++) {
            for (int y = 0; y < height; y++) {
                raster.getPixel(x, y, pixel);
                grayScales[x][y] = pixel[0];
                if (pixel[0] > maxLevel)
                    maxLevel = pixel[0];
                if (pixel[0] < minLevel)
                    minLevel = pixel[0];
            }
        }
        int[][] leveledMatrix = computeLeveledMatrix(grayScales,
                DEAFAULT_GRAY_LEVEL, minLevel, maxLevel);
        // 计算0°灰度共生矩阵
        double[][] GLCM = computeGLCMHaralick(leveledMatrix, 0,
                DEAFAULT_GRAY_LEVEL);
        this.contrast = computeContrast(GLCM);
        this.correlation = computeCorrelation(GLCM);
        this.energy = computeEnergy(GLCM);
```

```java
        this.homogeneity = computeHomogeneity(GLCM);
        this.entropy = computeEntropy(GLCM);
    }

    public String getGLCMRepresentation() {
        int featuresLength = 5;
        StringBuilder sb = new StringBuilder(featuresLength);
        sb.append(this.contrast + ",");
        sb.append(this.correlation + ",");
        sb.append(this.energy + ",");
        sb.append(this.homogeneity + ",");
        sb.append(this.entropy);
        return sb.toString().trim();
    }

    public static void main(String args[]) {
        try {
            String imageName = "resource/image_name_rgb8.jpg";
            GLCM glcm = new GLCM();
            glcm.computeGLCMFeatures(imageName);
            System.out.println(glcm.getGLCMRepresentation());
        } catch (IOException e) {
            // TODO Auto-generated catch block
            e.printStackTrace();
        }
    }
}
```

3. Gabor 小波纹理特征

法国数学家傅里叶在 19 世纪研究热传播时创立了一套数学理论，该理论被后人不断研究和发展，形成了著名的傅里叶变换，傅里叶变换能够将信号在时域和频域间进行相互转换，基于这一特性，它也作为一种图像特征提取方法而被广泛使用。然而傅里叶变换只适合处理平稳信号，根据傅里叶变换公式 $F(\omega) = \int_{-\infty}^{+\infty} f(t) e^{-j\omega t} dt$ 可知，傅里叶变换只能分析信号在整个时间域上的频率特性，无法获知具体时间的频率信息。对于核医学、超声波图像等不平稳信号，它们的频域特征是随时间变化的，傅里叶变换便无能为力了。正是基于傅里叶变换的这一短板，1946 年英国物理学家 Dennis Gabor 提出了短时傅里叶变换，又叫窗口傅里叶变换，如式（2-14）所示。他在此基础上进一步利用高斯函数作为时间窗对傅里叶变换进行扩展，提出了 Gabor 变换，如式（2-15）所示。

$$X(t,\omega) = \int_{-\infty}^{+\infty} x(s) g(s-t) e^{-j\omega s} ds \qquad (2\text{-}14)$$

$g(s)$ 代表窗函数，可以取海明、高斯等函数。当 $g(s)$ 取高斯函数时，又被称为 Gabor 变换。

$$F(t,\omega) = \pi^{-\frac{1}{4}} \int_{-\infty}^{+\infty} f(s) e^{-\frac{(s-t)^2}{2}} e^{-j\omega s} ds \qquad (2\text{-}15)$$

短时傅里叶变换的基本思想是把非平稳信号看作一系列短时平稳信号的叠加，短时性通过在时间轴上可以移动的窗函数取值实现。可是这一窗口的大小是固定不变的，对于信号的高频部分，其波形较窄，时间间隔小，这就需要一个较小的时间窗口来分析信号；然而在短时傅里叶变换中，窗口的大小是固定的，使用这个较小的时间窗口来分析波形较宽，时间间隔大的低频信号就勉为其难了。经过 Alfred Haar、Paul Levy、Jean Morlet 等科学家的不懈努力，对短时傅里叶变换进一步改进，逐步形成了小波变换理论。小波变换采用适当的母小波，并对母小波进行旋转、平移、伸缩等变换，得到一系列的小波。这一系列的小波可以将信号变换到不同的频率范围和时间位置，从而彻底克服了傅里叶变换以及短时傅里叶变换的局限性。

$$w(s,\tau) = \frac{1}{\sqrt{s}} \int_{-\infty}^{+\infty} x(t) \psi * \left(\frac{t-\tau}{s}\right) dt \quad (\psi^* 代表母小波复共轭) \qquad (2\text{-}16)$$

Gabor 小波是将 Gabor 变换和小波变换相结合的产物。由于 Gabor 小波具有与人类视觉系统相似的特性，其在计算机视觉、图像特征提取、模式识别等领域都得到了广泛的应用。Gabor 小波特征提取的基本思想是将 Gabor 函数作为母小波，来实现多尺度、多方向的纹理分析。在具体的应用领域，根据经验，Gabor 小波通常取不同的参数值。在图像搜索领域，我们参考了 S. Mangijao Singh 的论文 *Comparative study on content based image retrieval based on Gabor texture features at different scales of frequency and orientations* 的参数设置。

一幅大小为 *PXQ* 的图像 *I(x,y)* 的 Gabor 小波变换为：

$$G_{mn}(x,y) = \sum_s \sum_t I(x-s, y-t) \psi_{mn}^*(s,t) \qquad (2\text{-}17)$$

其中，*s* 和 *t* 是高斯核函数的大小，ψ^*_{mn} 是 ψ_{mn} 的复共轭。母小波函数：

$$\psi(x,y) = \frac{1}{2\pi\sigma_x\sigma_y} \exp\left[-\frac{1}{2}\left(\frac{x^2}{\sigma_x^2} + \frac{y^2}{\sigma_y^2}\right)\right] \exp(j2\pi W x) \qquad (2\text{-}18)$$

经过扩张和旋转后生成了一系列 Gabor 小波在 ψ_{mn}。在 $\psi_{mn}(x,y) = a^{-m}\psi(\tilde{x},\tilde{y})$ 中，*m* 和 *n* 分别是高斯核的尺度和方向，*m*=0, 1…, *M*-1， *n*=0, 1…, *N*-1。其中：

$$\tilde{x} = a^{-m}(x\cos\theta + y\sin\theta)$$
$$\tilde{y} = a^{-m}(-x\sin\theta + y\cos\theta)$$
$$\theta = n\pi/N$$
$$a = (U_h/U_l)^{\frac{1}{M-1}}$$
$$W_{m,n} = a^m U_l$$

$$\sigma_{x,m,n} = \frac{(a+1)\sqrt{2\ln 2}}{2\pi a^m (a-1) \ U_l}$$

$$\sigma_{y,m,n} = \frac{1}{2\pi \tan\left(\dfrac{\pi}{2N}\right) \sqrt{\dfrac{U_h^2}{2\ln 2} - \left(\dfrac{1}{2\pi\sigma_{x,m,n}}\right)^2}} \tag{2-19}$$

$$U_l = 0.05, \ U_h = 0.4$$

图像 I 经过不同尺度和方向的 Gabor 小波滤波器处理后，可以得到一组模：

$$E(m,n) = \sum_x \sum_y |G_{mn}(x,y)| \tag{2-20}$$

这些模代表图像纹理在不同方向和尺度下的能量。模的平均数 μ_{mn} 和标准差 σ_{mn} 表示图像纹理特征的同质性。

$$\mu_{mn} = \frac{E(m,n)}{PXQ}$$

$$\sigma_{mn} = \frac{\sqrt{\sum_x \sum_y \left(|G_{mn}(x,y)| - \mu_{mn}\right)^2}}{PXQ} \tag{2-21}$$

我们使用 μ_{mn} 和 σ_{mn} 组成的数组表示图像纹理特征：$f_g = \{\mu_{00}, \sigma_{00}, \mu_{01}, \sigma_{01}, \cdots, \mu_{MN}, \sigma_{MN}\}$。具体实现见代码 2-15。

【代码 2-15】

```java
package com.ai.deepsearch.features.global.texture;

import com.ai.deepsearch.utils.ImageUtil;

import javax.imageio.ImageIO;
import java.awt.image.BufferedImage;
import java.awt.image.WritableRaster;
import java.io.File;
import java.io.IOException;

/**
 * Gabor 小波
 */
public class Gabor {
    private static final double Uh = 0.4;   // 中心频率上界
    private static final double Ul = 0.05;  // 中心频率下界
    private static final int S = 4, T = 4;  // 高斯核大小
    private static final int M = 5;   // 尺度(scale)数
    private static final int N = 6;   // 方向(orientation)数
    private static final int MAX_IMG_HEIGHT = 64;
```

```java
// a=(Uh/Ul)^(1/(M-1))
private static final double a = Math.pow((Uh / Ul), 1.0 / (M - 1));
private static double[] theta = new double[N]; // θ角为高斯核旋转方向
private static double[] W = new double[M]; // modulation frequency
private static double[] sigmaX = new double[M]; // 高斯核 x 方向尺度
private static double[] sigmaY = new double[M]; // 高斯核 y 方向尺度
private static final double LOG2 = Math.log(2); // ln2
private double[][][][][] gaborWavelet = null;

public Gabor() {
    preComputedVariables();
}

// 公式中用到的变量预先计算
private void preComputedVariables() {
    // θ =nπ/N
    for (int i = 0; i < N; i++) {
        theta[i] = i * Math.PI / N;
    }

    for (int i = 0; i < M; i++) {
        // W_{m,n}=a^m Ul
        W[i] = Math.pow(a, i) * Ul;
        // σ_{x,m,n}
        sigmaX[i] = (a + 1) * Math.sqrt(2 * LOG2)
                / (2 * Math.PI * Math.pow(a, i) * (a - 1) * Ul);
        // σ_{y,m,n}
        sigmaY[i] = 1 / (2 * Math.PI * Math.tan(Math.PI / (2 * N))) * Math
                .sqrt(Math.pow(Uh, 2) / (2 * LOG2)
                        - Math.pow(1 / (2 * Math.PI * sigmaX[i]), 2)));
    }
}

// Gabor 小波变换公式 G_{mn}(x,y)=I(x-s)(y-t)ψ_{mn}(s,t)
private void computeGaborWavelet(int[][] image,
                                 double[][][][][] childWavelets) {
    this.gaborWavelet = new double[image.length - S][image[0].length - T][M][N][2];
    for (int m = 0; m < M; m++) {
        for (int n = 0; n < N; n++) {
            for (int x = S; x < image.length; x++) {
                for (int y = T; y < image[0].length; y++) {
                    double real = 0;
                    double imaginary = 0;
                    for (int s = 0; s < S; s++) {
                        for (int t = 0; t < T; t++) {
                            /*
```

```
                         * 图像与子小波的复共轭卷积
                         *
                         * childWavelets[s][t][m][n][0]子小波的实部
                         * childWavelets[s][t][m][n][1]子小波的虚部
                         * -childWavelets[s][t][m][n][1] 取共轭复数
                         */
                        real += image[x][y]
                                * childWavelets[s][t][m][n][0];
                        imaginary += image[x][y]
                                * -childWavelets[s][t][m][n][1];
                    }
                }
                this.gaborWavelet[x - S][y - T][m][n][0] = real;
                this.gaborWavelet[x - S][y - T][m][n][1] = imaginary;
            }
        }
    }
}

// 用于计算母小波的函数 ψ(x,y)
// 返回用复数表示（实部和虚部组成）的一维数组 double[] {real,imaginary}
private double[] computeMotherWavelet(double x, double y, int m, int n) {

    double real = 1
            / (2 * Math.PI * sigmaX[m] * sigmaY[m])
            * Math.exp(-1
            / 2
            * (Math.pow(x, 2) / Math.pow(sigmaX[m], 2) + Math.pow(
            y, 2) / Math.pow(sigmaY[m], 2)))
            * Math.cos(2 * Math.PI * W[m] * x);
    double imaginary = 1
            / (2 * Math.PI * sigmaX[m] * sigmaY[m])
            * Math.exp(-1
            / 2
            * (Math.pow(x, 2) / Math.pow(sigmaX[m], 2) + Math.pow(
            y, 2) / Math.pow(sigmaY[m], 2)))
            * Math.sin(2 * Math.PI * W[m] * x);
    return new double[]{real, imaginary};
}

// x~
private double xTilde(int x, int y, int m, int n) {
    return Math.pow(a, -m)
            * (x * Math.cos(theta[n]) + y * Math.sin(theta[n]));
}
```

```java
// y~
private double yTilde(int x, int y, int m, int n) {
    return Math.pow(a, -m)
            * (-x * Math.sin(theta[n] + y * Math.cos(theta[n])));
}

// 母小波经扩张和旋转后生成的自相似(self-similar)的子小波 ψ_mn
// 返回复数形式的子小波 double[] {real,imaginary}
private double[] childWavelet(int x, int y, int m, int n) {
    double[] motherWavelet = computeMotherWavelet(xTilde(x, y, m, n),
            yTilde(x, y, m, n), m, n);
    return new double[]{Math.pow(a, -m) * motherWavelet[0],
            Math.pow(a, -m) * motherWavelet[1]};
}

// 根据childWavelet函数的计算公式计算出子小波
// 将结果的实部和虚部分别存入 double[][][][][0]和double[][][][][1]，返回
private double[][][][][] computeChildWavelet() {
    double[][][][][] childWavelets = new double[S][T][M][N][2];
    double[] childWavelet;
    for (int s = 0; s < S; s++) {
        for (int t = 0; t < T; t++) {
            for (int m = 0; m < M; m++) {
                for (int n = 0; n < N; n++) {
                    childWavelet = childWavelet(s, t, m, n);
                    childWavelets[s][t][m][n][0] = childWavelet[0];
                    childWavelets[s][t][m][n][1] = childWavelet[1];
                }
            }
        }
    }
    return childWavelets;
}

// 计算幅值
private double[][] computeMagnitudes(int[][] image) {
    double[][] magnitudes = new double[M][N];
    for (int i = 0; i < M; i++) {
        for (int j = 0; j < N; j++) {
            magnitudes[i][j] = 0;
        }
    }

    if (this.gaborWavelet == null) {
        computeGaborWavelet(image, computeChildWavelet());
```

```java
        }
        for (int m = 0; m < M; m++) {
            for (int n = 0; n < N; n++) {
                for (int x = S; x < image.length; x++) {
                    for (int y = T; y < image[0].length; y++) {
                        magnitudes[m][n] += Math
                                .sqrt(Math
                                        .pow(this.gaborWavelet[x - S][y - T][m][n][0],
                                                2)
                                        + Math.pow(this.gaborWavelet[x - S][y
                                                - T][m][n][1], 2));
                    }
                }
            }
        }
        return magnitudes;
    }

    // 对特征值重新排序
    public double[] normalize(double[] featureVector) {
        int dominantOrientation = 0;
        double orientationVectorSum = 0;
        double orientationVectorSum2 = 0;
        for (int m = 0; m < M; m++) {
            for (int n = 0; n < N; n++) {
                orientationVectorSum2 += Math.sqrt(Math.pow(featureVector[m * 2
                        * N + n * 2], 2)
                        + Math.pow(featureVector[m * 2 * N + n * 2 + 1], 2));
            }
            if (orientationVectorSum2 > orientationVectorSum) {
                orientationVectorSum = orientationVectorSum2;
                dominantOrientation = m;
            }
        }

        double[] normalizedFeatureVector = new double[featureVector.length];
        for (int m = dominantOrientation, k = 0; m < M; m++, k++) {
            for (int n = 0; n < N; n++) {
                normalizedFeatureVector[k * 2 * N + n * 2] = featureVector[m
                        * 2 * N + n * 2];
                normalizedFeatureVector[k * 2 * N + n * 2 + 1] = featureVector[m
                        * 2 * N + n * 2 + 1];
            }
        }
```

2.4 全局特征

```java
        for (int m = 0, k = M - dominantOrientation; m < dominantOrientation; m++,
k++) {
            for (int n = 0; n < N; n++) {
                normalizedFeatureVector[k * 2 * N + n * 2] = featureVector[m
                        * 2 * N + n * 2];
                normalizedFeatureVector[k * 2 * N + n * 2 + 1] = featureVector[m
                        * 2 * N + n * 2 + 1];
            }
        }

        return normalizedFeatureVector;
    }

    // Gabor 特征值
    public double[] computeGaborFeatures(String imageName) throws IOException {
        File file = new File(imageName);
        BufferedImage image = ImageIO.read(file);
        image = ImageUtil.scaleImage(image, MAX_IMG_HEIGHT);
        WritableRaster raster = image.getRaster();
        int[][] grayLevel = new int[raster.getWidth()][raster.getHeight()];
        int[] tmp = new int[3];
        for (int i = 0; i < raster.getWidth(); i++) {
            for (int j = 0; j < raster.getHeight(); j++) {
                grayLevel[i][j] = raster.getPixel(i, j, tmp)[0];
            }
        }
        // 特征值数组 double[]{$\mu_{00}, \sigma_{00}, \mu_{01}, \sigma_{01}, \ldots\ldots, \mu_{MN}, \sigma_{MN}$}
        double[] featureVector = new double[M * N * 2];
        double[][] magnitudes = computeMagnitudes(grayLevel);
        int imageSize = image.getWidth() * image.getHeight();
        // $\sigma_{mn}$
        double[][] sigmaMN = new double[M][N];

        if (this.gaborWavelet == null) {
            computeGaborWavelet(grayLevel, computeChildWavelet());
        }
        // 计算特征值 $\mu_{mn}$ 和 $\sigma_{mn}$
        for (int m = 0; m < M; m++) {
            for (int n = 0; n < N; n++) {
                // $\mu_{mn}$
                featureVector[m * 2 * N + n * 2] = magnitudes[m][n] / imageSize;
                for (int i = 0; i < sigmaMN.length; i++) {
                    for (int j = 0; j < sigmaMN[0].length; j++) {
                        sigmaMN[i][j] = 0.;
                    }
                }
```

```java
                    for (int x = S; x < image.getWidth(); x++) {
                        for (int y = T; y < image.getHeight(); y++) {
                            sigmaMN[m][n] += Math.pow(
                                    Math.sqrt(Math.pow(this.gaborWavelet[x - S][y
                                            - T][m][n][0], 2)
                                            + Math.pow(this.gaborWavelet[x - S][y
                                                    - T][m][n][1], 2))
                                            - featureVector[m * 2 * N + n * 2], 2);
                        }
                    }

                    featureVector[m * 2 * N + n * 2 + 1] = Math.sqrt(sigmaMN[m][n])
                            / imageSize;
                }
            }
            this.gaborWavelet = null;

            return featureVector;
        }

        public String getGaborRepresentation(double[] featuresVector) {
            int vectorLength = featuresVector.length;
            StringBuilder sb = new StringBuilder(vectorLength);
            for (int i = 0; i < vectorLength; i++) {
                if(i==vectorLength-1) {
                    sb.append(featuresVector[i]);
                } else {
                    sb.append(featuresVector[i]+",");
                }
            }
            return sb.toString().trim();
        }

        public static void main(String args[]) {
            try {
                String imageName = "resource/image_name_rgb8.jpg";
                Gabor gabor = new Gabor();
                double[] featuresVector = gabor.computeGaborFeatures(imageName);
System.out.println(gabor.getGaborRepresentation(gabor.normalize(featuresVector)));
            } catch (IOException e) {
                // TODO Auto-generated catch block
                e.printStackTrace();
            }
        }
    }
```

2.4 全局特征

2.4.3 形状特征

图像中物体的形状或是图像的区域形状构成了图像的形状特征。物体形状和区域形状分别对应两种形状特征表示方法——轮廓特征和区域特征。轮廓特征使用物体的外轮廓来表达，代表算法是傅里叶描述符。区域特征使用图像整体的区域形状表示，代表算法是形状不变矩。

由于轮廓特征方法首先需要提取物体的轮廓，因此这里介绍一下物体边缘检测算法。Roberts、Sobel、Prewitt 和 Canny 是常用的边缘检测算法，其中 Canny 算法虽然较前 3 个算法复杂，但检测精度高，提取完整，抗噪能力好，也是我们通常使用的边缘检测算法。

Canny 边缘检测算法分 5 步，具体实现见代码 2-16。

第 1 步，降噪。使用高斯核与图像进行卷积操作，去除图像噪声。其中，二维高斯核函数为：

$$G(x,y) = \frac{1}{2\pi\sigma^2} e^{-\frac{(x-x_c)^2+(y-y_c)^2}{2\sigma^2}} \quad (2\text{-}22)$$

第 2 步，寻找图像每个像素的梯度。首先使用 Roberts、Prewitt 和 Sobel 等某种边缘检测算子检测横纵两个方向的梯度 G_x 和 G_y。由这些梯度可以计算出梯度模和梯度方向：

$$\begin{aligned} G &= \sqrt{G_x^2 + G_y^2} \\ \theta &= \arctan\left(\frac{G_y}{G_x}\right) \end{aligned} \quad (2\text{-}23)$$

第 3 步，使用非最大值抑制排除假的边缘点。非最大值抑制是一种边缘细化技术，使在局部区域内不具有最大梯度值的像素点受到抑制。我们将梯度方向分为横向、纵向、主对角线方向、副对角线方向 4 个方向；计算每个像素点的梯度方向，并依据弧度值将其归入这 4 个方向中的一种；然后将该像素的梯度模和这个方向上的邻域像素的梯度模相比较，如果该像素的梯度模大，我们会将其纳入边缘点的考虑范围，否则该像素点不计入边缘点。

第 4 步，将在第 3 步中纳入边缘考虑范围的像素点使用滞后阈值进行筛选。经过非最大值抑制后，选出的潜在边缘点和真正的边缘点已经很接近了。然而受噪声和颜色变化的影响，仍然有某些"假"的边缘点混入其中，可以采取使用高低两个阈值的滞后阈值来筛选边缘点。如果梯度模大于高阈值，则将该像素标记为强边缘点；如果梯度模小于高阈值而又大于低阈值，则将该像素标记为弱边缘点；如果梯度模小于低阈值，该像素不计入边缘点。

第 5 步，滞后边缘跟踪。第 4 步中的强边缘点肯定会计入最终的边缘点，但弱边缘点可能是真正的边缘点，也可能是噪声或图像边界。遍历已确定的边缘点周围的 8 个像素，与其相邻的弱边缘点是真正的边缘点，不与其相邻的弱边缘点不是最终边缘点。

【代码 2-16】

```
package com.ai.deepsearch.utils;
```

```java
import java.awt.color.ColorSpace;
import java.awt.image.BufferedImage;
import java.awt.image.ColorConvertOp;
import java.awt.image.ConvolveOp;
import java.awt.image.Kernel;

/**
 * Canny 边缘检测
 */
public class CannyEdgeDetector {
    // 非边缘点
    int[] noEdgePixel = {255};
    // 弱边缘点
    int[] weakEdgePixel = {128};
    // 强边缘点
    int[] strongEdgePixel = {0};
    int[] tmpPixel = {0};
    // 滞后阈值
    // 低阈值
    private double thresholdLow = 60;
    // 高阈值
    private double thresholdHigh = 100;
    private BufferedImage image;

    public CannyEdgeDetector(BufferedImage image, double thresholdHigh,
                             double thresholdLow) {
        this.image = image;
        this.thresholdHigh = thresholdHigh;
        this.thresholdLow = thresholdLow;
    }

    public CannyEdgeDetector(BufferedImage image) {
        this.image = image;
    }

    // 生成高斯核
    public float[] generateGaussianKernel(int radius, float sigma) {
        float center = (float) Math.floor((radius + 1) / 2);
        float[] kernel = new float[radius * radius];
        float sum = 0;
        for (int y = 0; y < radius; y++) {
            for (int x = 0; x < radius; x++) {
                int offset = y * radius + x;
                float distX = x - center;
                float distY = y - center;
```

2.4 全局特征

```java
                kernel[offset] = (float) ((1 / (2 * Math.PI * sigma * sigma)) * Math
                        .exp(-(distX * distX + distY * distY)
                                / (2 * (sigma * sigma))));
                sum += kernel[offset];
            }
        }
    }
    // 归一化
    for (int i = 0; i < kernel.length; i++)
        kernel[i] /= sum;
    return kernel;
}

// Canny 过滤，返回的边缘使用黑色表示，其他像素用白色表示
public BufferedImage filter() {
    BufferedImage grayImage;
    // x 方向梯度
    double[][] gx;
    // y 方向梯度
    double[][] gy;
    // 梯度方向
    double[][] gd;
    // 梯度模
    double[][] gm;

    ColorConvertOp grayscale = new ColorConvertOp(
            ColorSpace.getInstance(ColorSpace.CS_GRAY), null);
    grayImage = grayscale.filter(image, null);
    // 1. 高斯模糊去噪
    ConvolveOp gaussian = new ConvolveOp(new Kernel(5, 5,
            generateGaussianKernel(5, 1.4f)));
    grayImage = gaussian.filter(grayImage, null);
    // 2. 寻找图像梯度
    // 利用Sobel梯度算子求x和y方向的梯度
    gx = sobelFilterX(grayImage);
    gy = sobelFilterY(grayImage);
    int width = grayImage.getWidth();
    int height = grayImage.getHeight();
    gd = new double[width][height];
    gm = new double[width][height];
    for (int x = 0; x < width; x++) {
        for (int y = 0; y < height; y++) {
            // 梯度方向θ
            if (gx[x][y] != 0) {
                gd[x][y] = Math.atan(gy[x][y] / gx[x][y]);
            } else {
                gd[x][y] = Math.PI / 2d;
```

```
            }
            // 梯度模 G
            gm[x][y] = Math.sqrt(gy[x][y] * gy[x][y] + gx[x][y] * gx[x][y]);
        }
    }
    // 3. 利用非最大值抑制排除假的边缘点
    // 4. 使用滞后阈值进行筛选

    // 图像四周边界设为白色
    for (int x = 0; x < width; x++) {
        grayImage.getRaster().setPixel(x, 0, noEdgePixel);
        grayImage.getRaster().setPixel(x, height - 1, noEdgePixel);
    }
    for (int y = 0; y < height; y++) {
        grayImage.getRaster().setPixel(0, y, noEdgePixel);
        grayImage.getRaster().setPixel(width - 1, y, noEdgePixel);
    }

    for (int x = 1; x < width - 1; x++) {
        for (int y = 1; y < height - 1; y++) {
            if (gd[x][y] < (Math.PI / 8d) && gd[x][y] >= (-Math.PI / 8d)) {
                // 像素(x,y)在横向区域的模最大
                if (gm[x][y] > gm[x + 1][y] && gm[x][y] > gm[x - 1][y])
                    // 潜在边缘点
                    setPixel(x, y, grayImage, gm[x][y]);
                else
                    // 非边缘点
                    grayImage.getRaster().setPixel(x, y, noEdgePixel);
            } else if (gd[x][y] < (3d * Math.PI / 8d)
                    && gd[x][y] >= (Math.PI / 8d)) {
                // 像素(x,y)在主对角线区域的模最大
                if (gm[x][y] > gm[x - 1][y - 1]
                        && gm[x][y] > gm[x + 1][y + 1])
                    // 潜在边缘点
                    setPixel(x, y, grayImage, gm[x][y]);
                else
                    // 非边缘点
                    grayImage.getRaster().setPixel(x, y, noEdgePixel);
            } else if (gd[x][y] < (-3d * Math.PI / 8d)
                    || gd[x][y] >= (3d * Math.PI / 8d)) {
                // 像素(x,y)在纵向区域的模最大
                if (gm[x][y] > gm[x][y + 1] && gm[x][y] > gm[x][y - 1])
                    // 潜在边缘点
                    setPixel(x, y, grayImage, gm[x][y]);
                else
                    // 非边缘点
```

```java
                    grayImage.getRaster().setPixel(x, y, noEdgePixel);
                } else if (gd[x][y] < (-Math.PI / 8d)
                        && gd[x][y] >= (-3d * Math.PI / 8d)) {
                    // 像素(x,y)在副对角线区域的模最大
                    if (gm[x][y] > gm[x + 1][y - 1]
                            && gm[x][y] > gm[x - 1][y + 1])
                        // 潜在边缘点
                        setPixel(x, y, grayImage, gm[x][y]);
                    else
                        // 非边缘点
                        grayImage.getRaster().setPixel(x, y, noEdgePixel);
                } else {
                    // 非边缘点
                    grayImage.getRaster().setPixel(x, y, noEdgePixel);
                }
            }
        }
        // 5. 滞后边缘跟踪
        int[] tmpArray = {0};
        for (int x = 1; x < width - 1; x++) {
            for (int y = 1; y < height - 1; y++) {
                if (grayImage.getRaster().getPixel(x, y, tmpArray)[0] < 50) {
                    // 跟踪强边缘点(x,y)周围的弱边缘点
                    trackWeakOnes(x, y, grayImage);
                }
            }
        }
        // 去除单个的弱边缘点
        for (int x = 2; x < width - 2; x++) {
            for (int y = 2; y < height - 2; y++) {
                if (grayImage.getRaster().getPixel(x, y, tmpArray)[0] > 50) {
                    grayImage.getRaster().setPixel(x, y, noEdgePixel);
                }
            }
        }
        return grayImage;
    }

    // 递归跟踪强边缘点周围的弱边缘点
    private void trackWeakOnes(int x, int y, BufferedImage grayImage) {
        for (int xx = x - 1; xx <= x + 1; xx++)
            for (int yy = y - 1; yy <= y + 1; yy++) {
                // 点(x,y)周围的8个相邻点是否是弱边缘点
                if (isWeak(xx, yy, grayImage)) {
                    grayImage.getRaster().setPixel(xx, yy, strongEdgePixel);
                    trackWeakOnes(xx, yy, grayImage);
```

```java
            }
        }
    }

    // 判断是否是弱边缘点
    private boolean isWeak(int x, int y, BufferedImage grayImage) {
        return (grayImage.getRaster().getPixel(x, y, tmpPixel)[0] > 0 && grayImage
                .getRaster().getPixel(x, y, tmpPixel)[0] < 255);
    }

    // 依据滞后阈值的高阈值和低阈值来区分潜在边缘点中的弱边缘点和强边缘点
    private void setPixel(int x, int y, BufferedImage grayImage, double v) {
        if (v > thresholdHigh)
            grayImage.getRaster().setPixel(x, y, strongEdgePixel);
        else if (v > thresholdLow)
            grayImage.getRaster().setPixel(x, y, weakEdgePixel);
        else
            grayImage.getRaster().setPixel(x, y, noEdgePixel);
    }

    // 与横向 Sobel 滤波算子卷积
    private double[][] sobelFilterX(BufferedImage grayImage) {
        double[][] result = new double[grayImage.getWidth()][grayImage
                .getHeight()];
        int[] tmpArray = new int[1];
        int sum;
        for (int x = 1; x < grayImage.getWidth() - 1; x++) {
            for (int y = 1; y < grayImage.getHeight() - 1; y++) {
                sum = 0;
                sum += grayImage.getRaster().getPixel(x - 1, y - 1, tmpArray)[0];
                sum += 2 * grayImage.getRaster().getPixel(x - 1, y, tmpArray)[0];
                sum += grayImage.getRaster().getPixel(x - 1, y + 1, tmpArray)[0];
                sum -= grayImage.getRaster().getPixel(x + 1, y - 1, tmpArray)[0];
                sum -= 2 * grayImage.getRaster().getPixel(x + 1, y, tmpArray)[0];
                sum -= grayImage.getRaster().getPixel(x + 1, y + 1, tmpArray)[0];
                result[x][y] = sum;
            }
        }
        for (int x = 0; x < grayImage.getWidth(); x++) {
            result[x][0] = 0;
            result[x][grayImage.getHeight() - 1] = 0;
        }
        for (int y = 0; y < grayImage.getHeight(); y++) {
            result[0][y] = 0;
            result[grayImage.getWidth() - 1][y] = 0;
        }
```

```java
        return result;
    }

    // 与纵向 Sobel 滤波算子卷积
    private double[][] sobelFilterY(BufferedImage gray) {
        double[][] result = new double[gray.getWidth()][gray.getHeight()];
        int[] tmpArray = new int[1];
        int sum = 0;
        for (int x = 1; x < gray.getWidth() - 1; x++) {
            for (int y = 1; y < gray.getHeight() - 1; y++) {
                sum = 0;
                sum += gray.getRaster().getPixel(x - 1, y - 1, tmpArray)[0];
                sum += 2 * gray.getRaster().getPixel(x, y - 1, tmpArray)[0];
                sum += gray.getRaster().getPixel(x + 1, y - 1, tmpArray)[0];
                sum -= gray.getRaster().getPixel(x - 1, y + 1, tmpArray)[0];
                sum -= 2 * gray.getRaster().getPixel(x, y + 1, tmpArray)[0];
                sum -= gray.getRaster().getPixel(x + 1, y + 1, tmpArray)[0];
                result[x][y] = sum;
            }
        }
        for (int x = 0; x < gray.getWidth(); x++) {
            result[x][0] = 0;
            result[x][gray.getHeight() - 1] = 0;
        }
        for (int y = 0; y < gray.getHeight(); y++) {
            result[0][y] = 0;
            result[gray.getWidth() - 1][y] = 0;
        }
        return result;
    }
```

1. 傅里叶形状描述符

傅里叶形状描述符是对图像中物体形状的轮廓线进行傅里叶变换，由得到的傅里叶系数组成向量来对图像进行表征。傅里叶形状描述符表示的是图像形状的频域特征，具有较好的抗噪特性，并进一步降低了描述符对边界变化的敏感度。Granlund 在 1972 年提出了一种具有不变性的傅里叶形状描述符，用于手写字符识别，并取得 98%的识别正确率。

$$FD_k = \frac{\sqrt{a_{xk}^2 + a_{yk}^2}}{\sqrt{a_{x1}^2 + a_{y1}^2}} + \frac{\sqrt{b_{xk}^2 + b_{yk}^2}}{\sqrt{b_{x1}^2 + b_{y1}^2}} \tag{2-24}$$

我们可以将图像轮廓（如图 2-11 所示）视为在一个复平面上，那么轮廓中的每个点就可以用一个复数来表示。整个图像轮廓就转化为一个复数序列 $c(t)=x(t)+jy(t)$，其中 $t=0, 1, \cdots,$

$N-1$。对该序列进行傅里叶变换后可以得到它的傅里叶系数 a_{xk} 和 b_{xk}，及其复共轭的傅里叶系数 a_{yk} 和 b_{yk}。进一步利用式（2-24），我们就可以求得傅里叶描述符 FD_k。

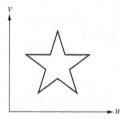

图 2-11　复平面上的图像轮廓

研究人员发现 10 个傅里叶系数已经能够很好地表示形状，故傅里叶系数数量常默认设置为 10，具体实现见代码 2-17。[1]

【代码 2-17】

```java
package com.ai.deepsearch.features.global.shape;

import com.ai.deepsearch.utils.CannyEdgeDetector;

import javax.imageio.ImageIO;
import java.awt.image.BufferedImage;
import java.io.File;
import java.io.IOException;
import java.util.ArrayList;
import java.util.List;

// 像素点类
class Point implements Comparable<Point> {
    public int x;
    public int y;

    public Point(int x, int y) {
        this.x = x;
        this.y = y;
    }

    public String toString() {
        return "x: " + this.x + " y: " + this.y;
    }

    @Override
    public int compareTo(Point point) {
```

---

[1] Zhang D, Lu G. Review of shape representation and description techniques[J]. Pattern Recognition, 2004, 37(1):1-19.

```java
        int result = Integer.compare(this.x, point.x);
        if (result != 0) {
            return result;
        }
        return Integer.compare(this.y, point.y);
    }
}

/**
 * 傅里叶形状描述符
 */
public class FourierShapeDescriptor {
    private static final int DEFAULT_FOURIER_COEFF_NUM = 10;
    private double[] ax;
    private double[] bx;
    private double[] ay;
    private double[] by;
    private double[] efd;

    // 计算傅里叶变换后的系数
    private double axCoefficient(Point[] points, int k) {
        double ax = 0d;
        int contourNum = points.length;
        for (int i = 0; i < contourNum; i++) {
            ax += points[i].x * Math.cos(2 * k * Math.PI * i / contourNum);
        }
        return ax * 2 / contourNum;
    }

    private double bxCoefficient(Point[] points, int k) {
        double bx = 0d;
        int contourNum = points.length;
        for (int i = 0; i < contourNum; i++) {
            bx += points[i].x * Math.sin(2 * k * Math.PI * i / contourNum);
        }
        return bx * 2 / contourNum;
    }

    private double ayCoefficient(Point[] points, int k) {
        double ay = 0d;
        int contourNum = points.length;
        for (int i = 0; i < contourNum; i++) {
            ay += points[i].y * Math.cos(2 * k * Math.PI * i / contourNum);
        }
        return ay * 2 / contourNum;
    }
```

```java
    private double byCoefficient(Point[] points, int k) {
        double by = 0d;
        int contourNum = points.length;
        for (int i = 0; i < contourNum; i++) {
            by += points[i].y * Math.sin(2 * k * Math.PI * i / contourNum);
        }
        return by * 2 / contourNum;
    }

    // 使用Canny算法获取图像轮廓点
    private List<Point> getEdgePoints(BufferedImage image) {
        CannyEdgeDetector cannyEdgeDetector = new CannyEdgeDetector(image);
        BufferedImage edgeImage = cannyEdgeDetector.filter();
        int width = edgeImage.getWidth();
        int height = edgeImage.getHeight();
        List<Point> points = new ArrayList<>();
        int[] tmpArray = new int[1];
        for (int x = 0; x < width; x++) {
            for (int y = 0; y < height; y++) {
                if (edgeImage.getRaster().getPixel(x, y, tmpArray)[0] == 0) {
                    points.add(new Point(x,y));
                }
            }
        }
        return points;
    }

    private void getFourierShapeDescriptor(Point[] points, int fdNum) {
        this.ax = new double[fdNum];
        this.bx = new double[fdNum];
        this.ay = new double[fdNum];
        this.by = new double[fdNum];

        for (int k = 0; k < fdNum; k++) {
            this.ax[k] = axCoefficient(points, k);
            this.bx[k] = bxCoefficient(points, k);
            this.ay[k] = ayCoefficient(points, k);
            this.by[k] = byCoefficient(points, k);
        }

        this.efd = new double[fdNum];

        for (int k = 0; k < fdNum; k++) {
            efd[k] = Math.sqrt((this.ax[k] * this.ax[k] + this.ay[k]
                    * this.ay[k])
```

```
                    / (this.ax[1] * this.ax[1] + this.ay[1] * this.ay[1]))
                    + Math.sqrt((this.bx[k] * this.bx[k] + this.by[k]
                    * this.by[k])
                    / (this.bx[1] * this.bx[1] + this.by[1]
                    * this.by[1]));
        }
    }

    public String getFourierSDRepresentation() {
        StringBuilder sb = new StringBuilder(DEFAULT_FOURIER_COEFF_NUM);
        for (int k = 0; k < DEFAULT_FOURIER_COEFF_NUM; k++) {
            if(k==DEFAULT_FOURIER_COEFF_NUM-1){
                sb.append(String.valueOf(this.efd[k]));
            } else {
                sb.append(String.valueOf(this.efd[k])+",");
            }
        }
        return sb.toString().trim();
    }

    public void computeFourierShapeDescriptor(String imageName)
            throws IOException {
        File file = new File(imageName);
        BufferedImage image = ImageIO.read(file);
        List<Point> pointsList = getEdgePoints(image);
        Point[] pointsArray=pointsList.toArray(new Point[pointsList.size()]);
        getFourierShapeDescriptor(pointsArray, DEFAULT_FOURIER_COEFF_NUM);
    }

    public static void main(String[] args) {
        try {
            String imageName = "resource/image_name_rgb8.jpg";
            FourierShapeDescriptor fourierSD = new FourierShapeDescriptor();
            fourierSD.computeFourierShapeDescriptor(imageName);
            System.out.println(fourierSD.getFourierSDRepresentation());
        } catch (IOException e) {
            // TODO Auto-generated catch block
            e.printStackTrace();
        }
    }
}
```

2. 形状不变矩

矩是物理学中的一个概念，由 Pearson 在 1894 年引入统计学，它通常用来表示随机变量的分布情况。设 X 为随机变量，若 $E(X)$ 存在，且 $E(|X-E(X)|^k)<+\infty$，则称 $\mu_k(X)=E[(X-E(X))^k]$

为 X 的 k 阶中心矩。1 阶中心矩为原点，2 阶中心矩为 X 的方差，3 阶中心矩为 X 的偏度，4 阶中心矩为 X 的峰度。对于一幅图像来说，矩体现了图像灰度的分布状况，它可以表征一幅图像的几何特征。

1962 年，MING-KUEI HU 在他的论文中复述了中心矩、$p+q$ 阶矩等概念，并在此基础上构造了具有变换、旋转、缩放无关性的 7 个矩。

一个二维图像的 $p+q$ 阶原点矩可表示为（其中 M、N 表示图像的宽和高，$f(x, y)$ 为灰度分布函数）：

$$m_{pq} = \sum_{x=1}^{M}\sum_{y=1}^{N} x^p y^q f(x, y) \tag{2-25}$$

中心矩可表示为：

$$\mu_{pq} = \sum_{x=1}^{M}\sum_{y=1}^{N} (x-\bar{x})^p (y-\bar{y})^q f(x, y) \tag{2-26}$$

可对中心矩进行归一化，以使其获得缩放无关性：

$$\eta_{pq} = \frac{\mu_{pq}}{\mu_{00}^{\gamma}}, \gamma = \frac{p+q+2}{2} \tag{2-27}$$

HU 基于以上结论提出的 7 个不变矩，如式（2-28）所示：

$$\begin{aligned}
\phi_1 &= \mu_{20} + \mu_{02} \\
\phi_2 &= (\mu_{20} - \mu_{02})^2 + 4\mu_{11}^2 \\
\phi_3 &= (\mu_{30} - 3\mu_{12})^2 + (3\mu_{21} - \mu_{03})^2 \\
\phi_4 &= (\mu_{30} + \mu_{12})^2 + (\mu_{21} + \mu_{03})^2 \\
\phi_5 &= (\mu_{30} - 3\mu_{12})(\mu_{30} + \mu_{12})\left[(\mu_{30} + \mu_{12})^2 - 3(\mu_{21} + \mu_{03})^2\right] \\
&\quad + (3\mu_{21} - 3\mu_{03})(\mu_{21} + \mu_{03})\left[(3\mu_{30} + \mu_{12})^2 - (\mu_{21} + \mu_{03})^2\right] \\
\phi_6 &= (\mu_{20} - \mu_{02})\left[(\mu_{30} + \mu_{12})^2 - (\mu_{21} + \mu_{03})^2\right] + 4\mu_{11}(\mu_{30} + \mu_{12})(\mu_{21} + \mu_{03}) \\
\phi_7 &= 3(\mu_{21} - \mu_{03})(\mu_{30} + \mu_{12})\left[(\mu_{30} + \mu_{12})^2 - 3(\mu_{21} + \mu_{03})^2\right] \\
&\quad - (\mu_{30} - 3\mu_{21})(\mu_{21} + \mu_{03})\left[3(\mu_{30} - \mu_{12})^2 - (\mu_{21} + \mu_{03})^2\right]
\end{aligned} \tag{2-28}$$

具体实现见代码 2-18。

【代码 2-18】

```
package com.ai.deepsearch.features.global.shape;

import com.ai.deepsearch.utils.ImageUtil;

import javax.imageio.ImageIO;
```

```java
import java.awt.*;
import java.awt.color.ColorSpace;
import java.awt.image.BufferedImage;
import java.awt.image.ColorConvertOp;
import java.awt.image.WritableRaster;
import java.io.File;
import java.io.IOException;

/**
 * 形状不变矩
 */
public class ShapeInvariantMoments {
    private static final int MAX_IMG_HEIGHT = 64;
    private int[][] grayMatrix;
    private double xBar = 0;
    private double yBar = 0;
    private double[] moments;

    // p+q 阶矩
    private double pqMoment(int p, int q) {
        float m = 0;
        for (int x = 0; x < this.grayMatrix.length; x++) {
            for (int y = 0; y < this.grayMatrix[0].length; y++) {
                m += Math.pow(x, p) * Math.pow(y, q) * this.grayMatrix[x][y];
            }
        }
        return m;
    }

    // 中心矩
    private double centralMoment(int p, int q) {
        float cm = 0;
        for (int x = 0; x < this.grayMatrix.length; x++) {
            for (int y = 0; y < this.grayMatrix[0].length; y++) {
                cm += Math.pow(x - this.xBar, p) * Math.pow(y - this.yBar, q)
                        * this.grayMatrix[x][y];
            }
        }
        return cm;
    }

    // 归一化的中心矩
    private double mu(int p, int q) {
        float gamma = (p + q) / 2 + 1;
        return centralMoment(p, q) / Math.pow(centralMoment(0, 0), gamma);
    }
```

```java
public String getMomentsRepresentation(double[] moments) {
    StringBuilder sb = new StringBuilder(moments.length);
    for (int i = 0; i < moments.length; i++) {
        if(i==moments.length-1) {
            sb.append(moments[i]);
        } else {
            sb.append(moments[i]+",");
        }
    }
    return sb.toString().trim();
}

// 计算形状不变矩
public void computeShapeInvariantMoments(String imageName)
        throws IOException {
    File file = new File(imageName);
    BufferedImage image = ImageIO.read(file);
    // 转换为灰度色彩空间
    ColorConvertOp colorConvertOp = new ColorConvertOp(image
            .getColorModel().getColorSpace(),
            ColorSpace.getInstance(ColorSpace.CS_GRAY), new RenderingHints(
            RenderingHints.KEY_COLOR_RENDERING,
            RenderingHints.VALUE_COLOR_RENDER_QUALITY));
    BufferedImage grayImage = colorConvertOp.filter(image, null);
    // 统一图像大小
    grayImage = ImageUtil.scaleImage(grayImage, MAX_IMG_HEIGHT);
    WritableRaster raster = grayImage.getRaster();
    int width = grayImage.getWidth();
    int height = grayImage.getHeight();
    int[] pixel = new int[3];
    this.grayMatrix = new int[width][height];
    for (int x = 0; x < width; x++) {
        for (int y = 0; y < height; y++) {
            raster.getPixel(x, y, pixel);
            grayMatrix[x][y] = pixel[0];
        }
    }
    double m00 = pqMoment(0, 0);
    
    this.xBar = pqMoment(1, 0) / m00;
    this.yBar = pqMoment(0, 1) / m00;
    this.moments = new double[7];
    //  μ_{20}+μ_{02}
    this.moments[0] = mu(2, 0) + mu(0, 2);
    //  (μ_{20}-μ_{02})^2+4μ_{11}^2
    this.moments[1] = Math.pow(mu(2, 0) - mu(0, 2), 2) + 4
            * Math.pow(mu(1, 1), 2);
```

2.4 全局特征

```java
        //  (μ₃₀-3μ₁₂)²+(3μ₂₁-μ₀₃)²
        this.moments[2] = Math.pow(mu(3, 0) - 3 * mu(1, 2), 2)
                + Math.pow(3 * mu(2, 1) - mu(0, 3), 2);
        //  (μ₃₀+μ₁₂)²+(μ₂₁+μ₀₃)²
        this.moments[3] = Math.pow(mu(3, 0) + mu(1, 2), 2)
                + Math.pow(mu(2, 1) + mu(0, 3), 2);
        //  (μ₃₀-3μ₁₂)(μ₃₀+μ₁₂)[(μ₃₀+μ₁₂)²-3(μ₂₁+μ₀₃)²]+(3μ₂₁-μ₀₃)(μ₂₁+μ₀₃)[3(μ₃₀+μ₁₂)²
        //  -(μ₂₁+μ₀₃)²]
        this.moments[4] = (mu(3, 0) - 3 * mu(1, 2))
                * (mu(3, 0) + mu(1, 2))
                * (Math.pow(mu(3, 0) + mu(1, 2), 2) - 3 * Math.pow(mu(2, 1)
                + mu(0, 3), 2))
                + (3 * mu(2, 1) - mu(0, 3))
                * (mu(2, 1) + mu(0, 3))
                * (3 * Math.pow(mu(3, 0) + mu(1, 2), 2) - Math.pow(mu(2, 1)
                + mu(0, 3), 2));
        //  (μ₂₀-μ₀₂)[(μ₃₀+μ₁₂)²-(μ₂₁+μ₀₃)²]+4μ₁₁(μ₃₀+μ₁₂)(μ₂₁+μ₀₃)
        this.moments[5] = (mu(2, 0) - mu(0, 2))
                * (Math.pow(mu(3, 0) + mu(1, 2), 2) - Math.pow(
                mu(2, 1) + mu(0, 3), 2)) + 4 * mu(1, 1)
                * (mu(3, 0) + mu(1, 2)) * (mu(2, 1) + mu(0, 3));
        //  (3μ₂₁-μ₀₃)(μ₃₀+μ₁₂)[(μ₃₀+μ₁₂)²-3(μ₂₁+μ₀₃)²]-(μ₃₀-3μ₁₂)(μ₂₁+μ₀₃)[3(μ₃₀+μ₁₂)²
        //  -(μ₂₁+μ₀₃)²]
        this.moments[6] = (3 * mu(2, 1) - mu(0, 3))
                * (mu(3, 0) + mu(1, 2))
                * (Math.pow(mu(3, 0) + mu(1, 2), 2) - 3 * Math.pow(mu(2, 1)
                + mu(0, 3), 2))
                - (mu(3, 0) - 3 * mu(1, 2))
                * (mu(2, 1) + mu(0, 3))
                * (3 * Math.pow(mu(3, 0) + mu(1, 2), 2) - Math.pow(mu(2, 1)
                + mu(0, 3), 2));
    }

    public static void main(String[] args) {
        try {
            String imageName = "resource/image_name_rgb8.jpg";
            ShapeInvariantMoments huMoments = new ShapeInvariantMoments();
            huMoments.computeShapeInvariantMoments(imageName);
            System.out.println(huMoments
                    .getMomentsRepresentation(huMoments.moments));
        } catch (IOException e) {
            // TODO Auto-generated catch block
            e.printStackTrace();
        }
    }
}
```

2.5 局部特征

如 2.3 节所述，每幅图像都含有局部上的特征。这些特征可以是一朵小花、一棵小草、一栋小房子。特征区域往往与其周围有着明显的颜色或灰度上的差别。图像研究学者使用数学的方法对这些区域进行特征提取和表达，形成了 SIFT、SURF 等具有缩放、旋转，甚至仿射，以及光照改变不变性的局部特征描述符。下面我们将会逐一介绍 SIFT 和 SURF 的原理以及实现方法。由于 SIFT 和 SURF 的作者都对其算法申请了专利，所以在此不再提供相关算法实现的源代码。

2.5.1 SIFT 描述符

1999 年，加拿大英属哥伦比亚大学的 David G.Lowe 教授在计算机视觉国际会议（ICCV）上首次提出了基于尺度空间的图像局部特征描述符[1]（Scale Invariant Feature Transform，SIFT）。它不仅具有对图像平移、缩放、旋转的不变性，而且具有仿射、投影变换的不变性，甚至在不同光照条件下具有不变性。

检测局部特征点通常采用高斯拉普拉斯（Laplace of Gaussian，LoG）或赫森行列式（Determinant of Hessian，DoH）方法。Laplace 算子可以用来检测图像中的局部极值点，但它无法很好地应对图像中的噪声，而这恰恰是高斯函数的强项。我们首先使用高斯核与图像进行卷积，以达到清除图像噪声的目的。

$$L(x,y,\sigma)=I(x,y)*G(x,y,\sigma) \qquad (2\text{-}29)$$

然后对去除噪声后的图像进行拉普拉斯变换。

$$\nabla^2\left[I(x,y)*G(x,y,\sigma)\right]=\nabla^2\left[G(x,y,\sigma)\right]*I(x,y) \qquad (2\text{-}30)$$

根据公式，我们可以先对高斯核进行拉普拉斯变换，再与图像进行卷积运算，也就是利用高斯拉普拉斯算子（LoG）来检测局部特征点。当 LoG 的尺度与图像中某个特征点的尺度相同时，LoG 才会产生较强的响应，所以对于图像中的诸多特征点，需要在不同的尺度条件下才能检测出来。构建连续的尺度空间用于检测特征点成为了一种可行的解决方案。由于 LoG 的计算量很大，Lowe 在 SIFT 算法中使用计算量小且与 LoG 近似的高斯函数差分（Difference of Gaussian，DoG）来检测尺度空间的极值点。

SIFT 算法分为以下 4 个步骤。

---

[1] Lowe D G. Object Recognition from Local Scale-Invariant Features[C]//iccv.IEEE Computer Society,1999:1150.

1. 检测尺度空间极值点

改变高斯函数 $G(x,y,\sigma)=\dfrac{1}{2\pi\sigma^2}e^{-(x^2+y^2)/2\sigma^2}$ 中的尺度变量 σ，并与图像 $I(x,y)$ 进行卷积运算，将卷积后的一系列图像用于构建连续的尺度空间。沿着尺度增大的方向，以初始尺度 σ_0 的 2^n 倍作为起始值，将尺度空间分为若干部分，每个部分被称为一个 Octave。每个 Octave 组中图像大小相同，下一组的图像是上一组图像的降采样，长宽各是原图像的一半。Octave 各组图像逐层降采样，构成了类似金字塔形状的结构，如图 2-12 所示。金字塔的层数由原始图像的大小和塔顶图像的大小共同决定，$n_{octave}=\log_2\left[\min(M_{init},N_{init})\right]-\log_2\left[\min(M_{top},N_{top})\right]$。由于采用高斯函数平滑原始图像会在其高频部分产生部分损失，Lowe 在论文中建议首先将原始图像的长宽各扩展一倍，并进行线性插值，将其作为起始图像。由于图像在照相时，镜头已经对它进行了一定量的模糊，Lowe 将其值设为 0.5，初始尺度 σ_0 设定为 1.6，实际作用在原始图像上的尺度为 $\sqrt{1.6^2-(2\times0.5)^2}$。沿着尺度增大的方向，每个 Octave 又采样为 s 层（intervals），s 一般为 3～5，Octave 中的图像大小相同，尺度按照 $k^0\sigma_0$，$k^1\sigma_0$，$k^2\sigma_0$，$k^3\sigma_0$，…，$k^s\sigma_0$ 的规律增加，其中 $k^s=2$。由于在尺度空间极值比较过程中，每个 Octave 中的最上层和最下层图像都没有相邻图像，因此无法进行极值比较。我们在高斯空间（Gaussian Space）中继续按照尺度的变化规律进行高斯模糊，在其顶层上又生成了 3 幅图像，就有了 $s+3$ 层图像。由于 DoG 空间（DoG Space）中的图像是高斯空间中相邻图像相减而成，那么在其中就有 $s+2$ 层图像。

图 2-12 尺度空间金字塔模型

图 2-13 演示了当 $s=3$ 时尺度空间的构造情况。在高斯空间中有 6 层图像，在 DoG 空间中有 5 层图像。图中虚线箭头说明上一组 Octave 中倒数第二层图像隔点采样生成了下一组 Octave 中的底层图像，进而保持了尺度的连续性。

为了在 DoG 空间中检测极值点，需要将图像中每个像素点的灰度值与其周围 8 个点以及 DoG 空间中上下两层相邻图像中的各 9 个相邻点，共计 26（8+9×2）个点的灰度值进行比较，如图 2-14 所示。如果这个像素点的灰度值在这 27 个点中是最大或最小值，那么此点就是该尺度下的极值点。

第 2 章 传统图像特征提取

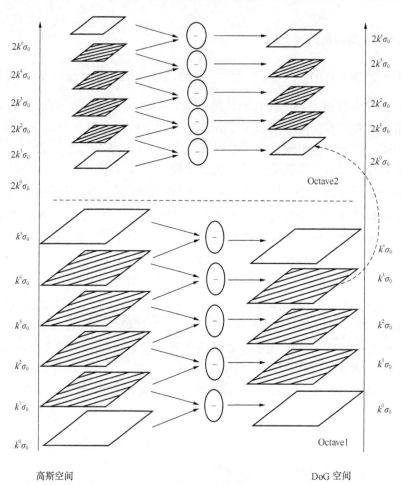

图 2-13 尺度空间极值检测示意图，$s=3$ 的情况

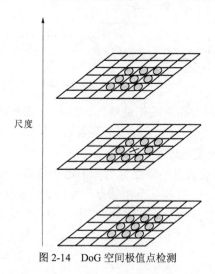

图 2-14 DoG 空间极值点检测

2. 在极值点中定位出更加稳定的关键点

由于低对比度的极值点对于噪声更加敏感，因此我们首先需要去除低对比度的极值点。DoG 函数在图像边缘会产生较强的边缘响应，所以还需要去除不稳定的边缘响应点。极值点经过以上两步的处理后便筛选出了更加稳定的关键点。

3. 关键点方向分配

在连续尺度空间上取得的一系列关键点具有缩放不变的性质。下面来看一看怎样才能使它具有旋转不变性呢？我们需要结合图像的局部特征，给每个关键点分配一个方向。对于在 DoG 空间中检测出的关键点，按照式（2-31）计算相应尺度空间 L 高斯模糊后的图像 3σ 邻域窗口内像素的梯度和方向分布情况。

$$m(x,y) = \sqrt{(L(x+1,y)-L(x-1,y))^2 + (L(x,y+1)-L(x,y-1))^2}$$
$$\theta(x,y) = \arctan\left(\frac{L(x,y+1)-L(x,y-1)}{L(x+1,y)-L(x-1,y)}\right) \tag{2-31}$$

将计算出的邻域内像素点的梯度及方向使用直方图进行统计。直方图将 360°方向分为 36 个区间（bins），每个区间的范围为 10°。如图 2-15 所示，图中为方便说明将 36 个柱简化为 8 个，将该直方图中梯度最大值的方向作为关键点的主方向。为增强匹配的稳定性，将大于最大值 80%的梯度方向作为辅方向。

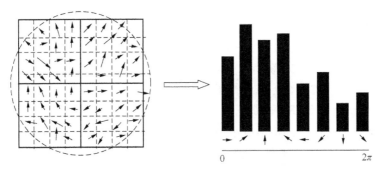

图 2-15 关键点方向直方图生成示意图

4. 关键点特征描述

现在我们需要使用在前 3 步中得到的尺度、方向和位置，为每个关键点建立一个具有各种不变性的特征描述符。该特征描述符实际上是在第 3 步所生成的梯度直方图的一种数学向量表达。

（1）确定关键点周围的图像区域。在方向直方图中计算了以关键点为圆心，半径 $r = \dfrac{3\sigma_{oct} \times \sqrt{2} \times (d+1)}{2}$（$\sigma_{oct}$ 为 octave 组内图像尺度，$d=4$）的圆形区域内像素梯度方向分布情况。

（2）为确保描述符的旋转不变性，将坐标轴旋转为和主方向保持一致。

（3）计算圆形区域 16×16 窗口划分后每个像素的梯度，并使用σ=0.5d 的高斯函数加权（d=4）。然后每 4×4 个小格构成一个子区域，共 4×4 个子区域，将子区域内像素的梯度加权累加到 8 个方向上，如图 2-16 所示。这样每个关键点就生成了一个 4×4×8=128 维的描述向量。为使该描述符具有光照不变性，将每一维数值除以 128 维数值和的平方根进行归一化。这个 128 维的描述向量就体现了图像的某个局部特征。

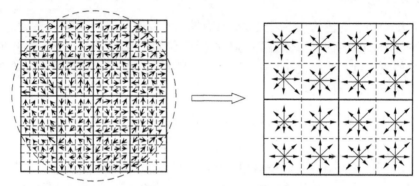

图 2-16　4×4 区域 8 方向梯度

2.5.2　SURF 描述符

SIFT 描述符虽然使用 DoG 作为 LoG 的近似而进一步简化了计算，但其计算量依然很大。SIFT 检测特征点多、性能稳定，但其复杂度较高，需要消耗大量的时间和计算资源。基于 SIFT 的这些问题，2006 年，Herbert Bay 提出了加速稳健特征（Speed-Up Robust Features，SURF）[1]算法。该算法在 SIFT 研究的基础上进行了改进，采用了与 SIFT 相近的思想和步骤：首先检测尺度空间极值点，然后定位关键点，接着对关键点进行方向分配，最后生成关键点的向量描述符。SURF 对 SIFT 中的多个方法进行了改进和简化，极大地缩短了生成图像局部特征描述的时间。下面来分析一下 SURF 在哪些方面做出了改进和简化。

在 2.5.1 节提到了检测局部特征点常用的两种方法 LoG 和 DoH，SIFT 使用了 LoG 的近似 DoG，而 SURF 使用 DoH 的近似。当尺度为σ时，图像中的点 $P(x,y)$ 的 Hessian 矩阵 $H(P,\sigma)=\begin{bmatrix} L_{xx}(P,\sigma) & L_{xy}(P,\sigma) \\ L_{xy}(P,\sigma) & L_{yy}(P,\sigma) \end{bmatrix}$，$L_{xx}(P,\sigma)$ 代表二维高斯函数 $g(x,y,\sigma)$ 关于 x 的二阶偏导 $\dfrac{\partial^2 g(x,y,\sigma)}{\partial x^2}$ 与图像在点 P 处卷积的结果，$L_{xy}(P,\sigma)$ 代表二维高斯函数 $g(x,y,\sigma)$ 先后求 x 和 y 的偏导 $\dfrac{\partial^2 g(x,y,\sigma)}{\partial x \partial y}$ 与图像在点 P 处卷积的结果 $L_{yy}(P,\sigma)$ 与 $L_{xx}(P,\sigma)$ 计算方式相同。DoH 是 Hessian

---

[1] Bay H, Tuytelaars T, Gool L V. SURF: speeded up robust features[C]// European Conference on Computer Vision. Springer-Verlag, 2006:404-417.

矩阵的行列式：$det(H) = L_{xx}(P,\sigma)L_{yy}(P,\sigma) - L_{xy}^2(P,\sigma)$，它可以判断点 P 是否为极值点。Herbert Bay 在 SURF 论文中使用盒子滤波器作为离散二维高斯函数的二阶偏导的近似，极大地提高了运算速度。如图 2-17 所示，左边由上到下分别是 x 方向、y 方向、xy 方向的离散二维高斯函数的二阶偏导数，右边则分别是它们的近似，9×9 的盒子滤波器近似等价于 $\sigma=1.2$ 的二维高斯函数的二阶偏导数。

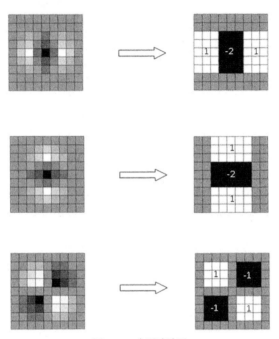

图 2-17　盒子滤波器

Herbert Bay 还使用一种叫作"积分图"的运算方式，它将盒子滤波器与每个像素的卷积运算转化为对"积分图"的加减运算，从而使其消耗更小，速度更快。积分图 $I_\Sigma(P)$ 在点 $P(x, y)$ 处代表图像 I 在 P 点之前的矩形区域所有像素值的和。如图 2-18 所示，阴影中的像素之和 $S=A-B-C+D$，仅仅使用了 3 个加减操作便得出了结果，并且计算时间和矩形区域的大小不相关。

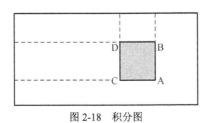

图 2-18　积分图

为了使特征描述符具有缩放不变性，SURF 与 SIFT 一样也需要构建连续尺度空间。在

SIFT 算法中，高斯金字塔中的图像是由其下层图像进行高斯模糊后得到的，图像间层层依赖，每一层的高斯模糊运算必须等待其下层图像高斯模糊完成后方可进行，这样就浪费了大量的等待时间。然而 SURF 算法采用图像不变，盒子滤波器的尺寸逐层变化的策略，进而可以采用并行计算，同时生成金字塔中的各层图像。

SURF 为关键点分配主方向的过程也与 SIFT 不同。SURF 算法首先计算出以关键点为中心，以 $6s$ 为半径的圆形区域内所有像素点的 Harr 小波水平和垂直响应值（Harr 小波水平和垂直方向的滤波器如图 2-19 所示），然后将两个值分别乘以相应位置 $\sigma=2s$ 的高斯核。s 是关键点所在的尺度，它与当前模板的尺寸相关：

$$s = Current\ Filter\ Size \times \frac{Base\ Filter\ Scale}{Base\ Filter\ Size} = Current\ Filter\ Size \times \frac{1.2}{9} \quad (2\text{-}32)$$

如图 2-20 所示，使用一个 $\pi/3$ 的扇形窗口计算，并计算该窗口内所有像素 Harr 小波水平和垂直方向响应值之和。然后滑动窗口，找出最大响应值所对应的方向就是主方向。以关键点为中心，沿着上一步确定的主方向，将其周围 $20s \times 20s$ 的区域分为 4×4 的子区域，计算每个子区域内像素点的沿主方向和垂直于主方向的 Harr 小波响应 dx 和 dy，并乘以相应位置 $\sigma=3.3s$ 的高斯核。每个子区域统计 $\sum dx$、$\sum dy$ 以及 $\sum |dx|$ 和 $\sum |dy|$ 这 4 个值，这样在 4×4 子区域就形成了 64 个特征值，如图 2-21 所示。同 SIFT 一样，该特征描述符需要进行归一化处理，以防止光照和对比度的影响。

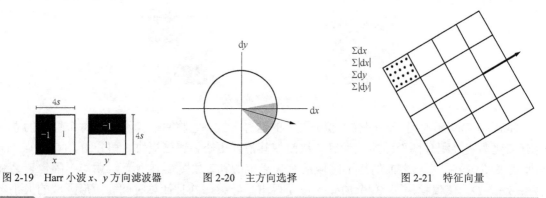

图 2-19 Harr 小波 x、y 方向滤波器　　图 2-20 主方向选择　　图 2-21 特征向量

2.6 本章小结

本章由人类获取和理解一幅图像的基本原理讲起，进一步阐述了计算机为获取图像而进行的诸如采样、量化等步骤，以及数字图像存储的格式、色彩空间等概念，并提供了由这些步骤、概念引出的图像基本操作的实现方式。人类通过图像的特征来理解它，同样计算机也是利用特征来识别和区分图像的。人们将图像的特征分为全局特征和局部特征。全局特征又由颜色特征、纹理特征和形状特征构成，文中详细介绍了这 3 种特征中典型的算法和程序实现。局部特征是图像局部区域的特征，往往使用某些复杂的数学步骤进行提取和表达，文中对经典的局部特征算法 SIFT 和 SURF 进行了介绍。

第 3 章　深度学习图像特征提取

3.1 深度学习

1.4 节中曾经提到过目前很多图像搜索引擎将深度学习算法引入其中，明显地改善了图像搜索准确率。2016 年 3 月，世界顶级围棋棋手李世石对弈人工智能棋手 AlphaGo，在 5 场比赛中 AlphaGo 以 4:1 大比分获胜。这一人工智能的伟大胜利将 AlphaGo 所依赖的深度学习算法的魔力在公众中做了一个快速的科普。可到底什么是深度学习呢？

深度学习是一种多层的神经网络算法，层的数量代表了它的深度。其实深度学习的算法早已有之，在 20 世纪 80 年代就已经产生并实际应用到了如今大放异彩的卷积神经网络中。但由于当时条件的制约，训练一个网络模型往往耗费太多的时间，这一原因也使它并未引起人们的重视，人们普遍认为该方法并不实用。可以说，如今深度学习的成功并不仅仅是算法上的成功，而且得益于飞速发展的硬件条件和海量数据的支撑。

3.1.1 神经网络的发展

神经网络算法起源于 1943 年神经科学家 Warren McCulloch 和数理逻辑学家 Walter Pitts 提出的 MP 神经元模型。[1]神经网络的发展与其他事物的历史发展过程一样，都不是一帆风顺的。它的发展经历了两次低谷，如今以深度学习之名再度复兴。

自 19 世纪以来，随着树突、轴突、突触以及髓鞘的相继发现，人类逐步对神经元有了清晰的认识。神经元又称为神经细胞，其大小和外观有很大差异，但都具有细胞体、树突和轴突，如图 3-1 所示。神经元通过树突接受刺激，并将兴奋传入细胞体，一个神经元的轴突末梢突触和另一个神经元的树突相连接传递兴奋，连接部位不同，对神经元的刺激也不同。当神经元接收的所有树突传来的电兴奋累计而成的膜电位达到一定数值时，神经元才会被激活进而产生一

---

[1] Mcculloch W S. A logical calculus of ideas imminent in nervous activity[J]. Biol Math Biophys, 1943, 5.

次脉冲信号。MP 模型在总结了前人对神经元的生理学研究的基础上,对其进行了数学和网络结构描述,使用二值开关代表单个神经元,使其按不同方式组合能够完成一定的逻辑运算。如图 3-2 所示,输入 $X_1, X_2, X_3, \cdots, X_n$ 与各自对应的权值 $W_1, W_2, W_3, \cdots, W_n$ 加权求和。输入模拟了神经元受到的各种刺激,权值表示突触连接不同部位对信号大小的影响。加权求和后的值模拟了神经元的膜电位,当其值达到规定的阈值 T 时,神经元会被激活而输出数值 1,否则输出为 0。

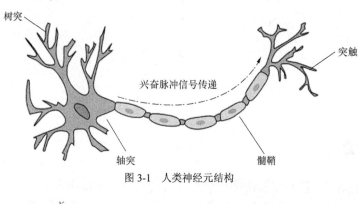

图 3-1　人类神经元结构

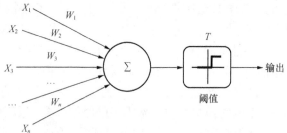

图 3-2　MP 模型

1957 年,美国康奈尔航空实验室的 Frank Rosenblatt 在 MP 模型的基础上发明了一种叫作"感知器"的神经网络算法,并在一台 IBM-704 上成功实现。[1]感知器实际上是一种二元线性分类模型,它可以进行简单的图像识别。感知器的数学表达如下:

$$y_k = \varphi(v_k) = \begin{cases} 1, v_k \geqslant 0 \\ 0, v_k < 0 \end{cases}, v_k = \sum_{j=1}^{m} W_{kj} X_j + b_k \tag{3-1}$$

其中,W_{kj} 为第 j 个输入的权重,b_k 为偏置,φ 为激活函数。Rosenblatt 在理论上进一步证明了单层感知器能够在处理线性可分的模式识别问题时收敛,并在此基础上用实验证实了感知器具有一定的学习能力。如图 3-3 所示,通过不断修正权重 W_{kj} 和偏置 b_k,最终会有一个超平面将样本空间分为不同的两类。

---

[1] Rosenblatt F. Perceptron Simulation Experiments[J]. Proceedings of the Ire, 1960, 48(3):301-309.

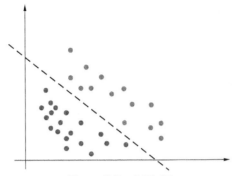

图 3-3 线性二分类问题

感知器的成功使人们极大地高估了它的作用。美国海军曾对感知器寄予厚望，认为它未来可以使计算机具有看、写、说，甚至复制自身的能力。由此，神经网络开始进入第一次研究热潮。

然而历史又总是在潮起潮落间曲折前行。1969 年，人工智能的先驱 Marvin Minsky 和 Seymour Papert 出版了 *Perceptrons*（《感知器》）一书，书中提出并证明了单层的感知器无法处理不可线性分割的问题，如异或逻辑，并进一步指出多层感知器也是如此。[1]连简单的异或逻辑都不能处理，人们对感知器的热情也一下降到了冰点，由此神经网络的研究进入了近 20 年的沉寂期。虽然神经网络的研究进入了低谷，但历史并未停滞。1971 年，苏联乌克兰科学院的 Ivakhnenko 提出了利用 GMDH（Group Method of Data Handling）算法来训练一个 8 层的神经网络模型；1974 年，哈佛大学的 Paul Werbos 提出将反向传播算法（BP 算法）的思想应用于神经网络[2]；20 世纪 80 年代初，日本学者福岛邦彦提出了可用于解决手写识别等模式识别问题的多层神经网络"神经认知机"（Neocognitron）。[3]由于当时的环境，这些极具发展性的事件都未能引起研究者足够的重视。

1986 年，Rumelhart、Hinton 和 Williams 在《自然》杂志上发表了 *Learning Internal Representation by Backpropagation of Errors* 一文。[4]文中指出，在神经网络中增加一个隐藏层，并使用反向传播算法可以解决 Minsky 等人提出的多层神经网络不能解决异或逻辑的问题。阻碍神经网络发展的魔咒终于被打破了，这也促成了神经网络研究的第二次热潮。BP 算法的基本思想是首先正向计算神经网络的输出，如图 3-4 所示，将实际输出值 y 与目标输出值 t 相比较得出误差 δ，将误差逐层反向传播，并利用梯度下降算法对权值进行调整。在经过若干轮迭

---

[1] Minsky M, Papert S. Perceptrons[J]. American Journal of Psychology, 1969, 84(3):449-452.

[2] Werbos P. Beyond Regression : New Tools for Prediction and Analysis in the Behavioral Science[J]. Ph.d.dissertation Harvard University, 1974, 29(18):65-78.

[3] Fukushima K. Neocognitron: A Self-organizing Neural Network Model for A Mechanism of Pattern Recognition Unaffected by Shift in Position[J]. Biological Cybernetics, 1980, 36(4):193-202.

[4] Rumelhart D E, Hinton G E, Williams R J. Learning Internal Representation by Back-propagation of Errors[J]. Nature, 1986, 323(323):533-536.

代之后，将最终误差下降到合理范围。

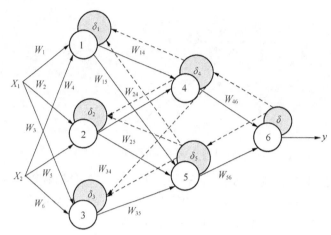

图 3-4　多层神经网络的 BP 算法

1989 年，Yann LeCun 运用卷积神经网络对美国的手写邮政编码进行训练和识别，在独立样本测试中达到了 5%的错误率，具有了很高的实用性。他应用此成果开发的支票自动识别系统曾经占据美国近 20%的市场份额。[1]

1991 年，德国的 SeppHochreiter 指出，当 BP 算法中成本函数（Cost function）反向传播时，每经过一层，梯度以相乘的方式叠加到前层。梯度在经过若干层反向传播后会变得极小，趋近于 0，存在梯度消失的问题。[2]恰好在这一时期，以支持向量机（Support Vector Machine，SVM）为代表的统计学习方法因理论严谨、效果良好而强势崛起。由此，神经网络的发展又一次陷入低潮。

3.1.2　深度神经网络的突破

2006 年，Hinton 等人发表了一篇名为 *A Fast Learning Algorithm for Deep Belief Nets* 的论文。[3]该文章描述了他们首先借用统计热力学中的"玻尔兹曼分布"构造了一种两层的限制玻尔兹曼机，深信度网络使用几层叠加在一起的限制玻尔兹曼机进行无监督的预训练，以此来对权值进行初始化，然后使用反向传播算法对权值进行微调。这一策略在一定程度上克服了梯度消失的问题。文末，Hinton 进一步畅想了学习一个更大、更深神经网络的可能性。因此，2006 年也被视为深度学习的起始之年。

2011 年，加拿大蒙特利尔大学的 Xavier Glorot 和 Yoshua Bengio 在 *Deep Sparse Rectifier*

---

[1] Y. LeCun, B. Boser, J. S. Denker, D. Henderson, R. E. Howard, W. Hubbard and L. D. Jackel: Backpropagation Applied to Handwritten Zip Code Recognition, Neural Computation, 1(4):541-551, Winter 1989.

[2] Sepp Hochreiter. Untersuchungen zu dynamischen neuronalen Netzen. Diploma thesis, TU Munich, 1991.

[3] Hinton G E, Osindero S, Teh Y W. A Fast Learning Algorithm for Deep Belief Nets[J]. Neural Computation, 2014, 18(7):1527-1554.

Neural Networks 的论文中提出一种被称为"修正线性单元"(rectified linear unit,RELU)的激活函数。[1]该激活函数的导数为常数,在误差反向传播计算中不存在 sigmoid 等传统激活函数所固有的梯度消失问题。这一方法从根本上解决了长期阻碍神经网络发展的梯度消失难题。

2012 年,Hinton 在论文 *Improving neural networks by preventing co-adaptation of feature detectors* 中提出使用"丢弃"(Dropout)算法来解决神经网络训练中的过度拟合问题。[2]Dropout 算法使用在每次迭代训练神经网络时随机删除每个隐藏层中一定比例神经元的方法来避免过拟合。

在神经网络算法得到不断改进并取得一系列历史性进步的同期,计算机硬件系统的计算能力也获得飞速发展,各种海量的数据被标注和整理为专门的训练数据集,由此神经网络进一步向着"更深"的方向发展。现代 CPU 虽然经过 MMX、SSE 系列技术优化,但它终究不擅长大规模并行计算,然而 GPU 基于单指令流多数据流的架构,非常适合大批量数据并行计算场景。2009 年,斯坦福大学的 Rajat Raina 和 Andrew Ng 在 *Large-scale Deep Unsupervised Learning Using Graphics Processors* 一文中指出现代图像处理器拥有远胜于多核 CPU 的计算能力,它有掀起无监督深度学习方法应用革命的潜力。[3]他们使用 GPU 计算深信度网络和稀疏编码模型的结果显示,GPU 比双核 CPU 的速度要快 70 倍,并将训练一个 4 层,多达 1 亿个参数的深信度网络模型的时间由几周降到 1 天。2010 年,Dan Ciresan 等人在名为 *Deep Big Simple Neural Nets Excel on Handwritten Digit Recognition* 的论文中采用传统 BP 算法训练多层神经网络用于手写数字识别,在 GPU 上的正向、反向传播计算要比在双核 CPU 上的速度快了 40 倍。[4]在学术界看到 GPU 潜力的同时,产业界也投入重金,不断研发适用于深度学习且性能更高的 GPU。Nvidia 的 CEO 黄仁勋将人工智能视为下一个计算浪潮和智能工业革命,并调整公司战略,将 Nvidia 由显卡厂商转变为人工智能计算的设备公司。在计算硬件进步的同时,各种海量的训练数据集也不断涌现。2007 年,一个名为"ImageNet"的图像数据库项目开始创立。至 2009 年,它成为了一个拥有 1500 万幅人工标注图像、22000 个分类的巨大图像数据集。2016 年,谷歌公司发布了一个包含 800 万个 YouTube 视频 URL、4800 个知识图谱实体的标注视频数据集。ImageNet 等数据集面向所有研究者开放,极大地促进了深度学习模型的训练和技术的发展。

历史的每次重大进步并不是偶然发生的,只有当所有的必要条件都具备了,它才会悄然而

---

[1] Glorot X, Bordes A, Bengio Y. Deep Sparse Rectifier Neural Networks[C]// International Conference on Artificial Intelligence and Statistics. 2011:315-323.

[2] Hinton G E, Srivastava N, Krizhevsky A, et al. Improving neural networks by preventing co-adaptation of feature detectors[J]. Computer Science, 2012, 3(4):págs. 212-223.

[3] Raina R, Madhavan A, Ng A Y. Large-scale Deep Unsupervised Learning Using Graphics Processors[C]// International Conference on Machine Learning. ACM, 2009:873-880.

[4] Dan C C, Meier U, Gambardella L M, et al. Deep Big Simple Neural Nets Excel on Handwritten Digit Recognition[J]. Corr, 2010, 22(12):3207-3220.

至。良好的算法、高性能的计算硬件以及海量的训练数据共同促成了深度学习历史性的质变。

2010 年，以 ImageNet 图像数据集为基础的图像分类大赛 ImageNet Large Scale Visual Recognition Challenge（ILSVRC）开始每年举办一届。竞赛以数据集中的 120 万张图片为训练样本，将这些图像分为 1000 个不同的类别，然后和图像人工类别标注结果相比较。竞赛结果采用 Top-1 和 Top-5 错误率标准，也就是对每张图像预测 1 个或 5 个类别，取其中不正确的比例。2012 年，Hinton 和他的两个研究生 Alex Krizhevsky 和 Ilya Sutskever 利用一个 8 层的卷积神经网络，使用了 ReLU 激活函数和 Dropout 算法，并采用两个 GPU 并行计算。他们以 Top-5 错误率 17% 的成绩在 ILSVRC 中远超排名第二 Top-5 错误率 26.2% 的 SVM 方法。这一结果也标志着深度神经网络在图像识别领域已大幅领先其他识别技术，堪称象征深度神经网络突破的标志性事件。

随着对神经网络层次的研究不断加深，人们发现并非层次越多学习能力越强，一个 56 层的深度神经网络识别错误率反而高于一个 20 层的神经网络模型。微软亚洲研究院的何恺明、孙健等人使用一种被称为"深度残余学习"（Deep Residual Learning）的算法解决了这一问题，并在 2015 年的 ImageNet 竞赛中使用该方法训练了一个深达 152 层的神经网络模型，使 Top-5 的错误率降低到了 3.57%，而一个普通人的错误率大概是 5%。这一指标表明深度神经网络在图像识别领域已经超过了人类的水平。

也是在 2012 年，Hinton、邓力和其他几位分别代表多伦多大学、微软、谷歌、IBM 的研究者联合发表了一篇的论文 Deep Neural Networks for Acoustic Modeling in Speech Recognition: The Shared Views of Four Research Groups。[1]在该论文中，他们提出使用深度神经网络模型 DNN 替代传统的语音识别模型 GMM-HMM 中的高斯混合模型（GMM），构成深度神经网络模型与隐马尔科夫模型相结合的 DNN-HMM 模型并将此模型用于语音识别。在不同语音识别的基准测试中，DNN-HMM 模型甚至最高可以将 GMM-HMM 模型的错误率降低 20% 以上。在谷歌的语音输入基准测试中，单词错误率为 12.3%，有学者将这一成果称为 20 年来语音识别领域最大的一次进步。

2013 年，多伦多大学的 Alex Graves 在其论文 Towards End-to-end Speech Recognition with Recurrent Neural Networks 中提出使用 RNN/LSTM 模型来进行语音识别。他训练的一个包含 3 个隐藏层、430 万参数的 RNN/ LSTM 模型在 TIMIT 基准测试中音位错误率达到 17.7%，明显优于同期其他模型的水平。[2]2015 年，谷歌再次使用 RNN/LSTM 技术将谷歌语音输入的单词错误率降到了 8%。同年，百度人工智能实验室的 Dario Amodei 等人在 Deep Speech 2: End-to-End Speech Recognition in English and Mandarin 中提出采用一个叫作"封闭循环单元"（GRU）的变种 LSTM 模型进行语音训练和识别，在 WSJ Eval'92 的基准测试中将单词错误率降至 3.1%，在

---

[1] Hinton G, Deng L, Yu D, et al. Deep Neural Networks for Acoustic Modeling in Speech Recognition: The Shared Views of Four Research Groups[J]. IEEE Signal Processing Magazine, 2012, 29(6):82-97.

[2] Graves A, Jaitly N. Towards End-to-end Speech Recognition with Recurrent Neural Networks[C]// International Conference on Machine Learning. 2014:1764-1772.

另一个汉语基准测试中将错误率降至 3.7%，而人类的错误率为 5%。[1]

3.1.3 主要的深度神经网络模型

人们在深度神经网络发展过程中不断解决其中遇到的各类问题，与此同时，形成了解决各类实际问题的不同神经网络模型。这些模型的种类多达几十种，有的因为已经有了更好的替代者而不再使用，有的是在某些基本模型类型上做了扩展。目前我们经常使用的深度神经网络模型主要有卷积神经网络（CNN）、递归神经网络（RNN）、深信度网络（DBN）、深度自动编码器（AutoEncoder）和生成对抗网络（GAN）等。

递归神经网络实际上包含了两种神经网络。一种是时间递归神经网络，我们通常称之为循环神经网络（Recurrent Neural Network）；另一种是结构递归神经网络（Recursive Neural Network），我们通常称其为递归神经网络，它使用相似的网络结构递归形成更加复杂的深度网络。虽然它们都使用相同的英文首字母缩写 RNN，但它们并不具有相同的网络结构。

如图 3-5 所示，循环神经网络将 t 时刻隐藏层的输出与 $t+1$ 时刻输入层的输入共同输入至 $t+1$ 时刻的隐藏层，并继续在时间轴上递归下去。在使用时间轴上的反向传播算法 BPTT（Back Propagation Through Time）传递误差时同样会遇到梯度消失的问题。1997 年，Sepp Hochreiter

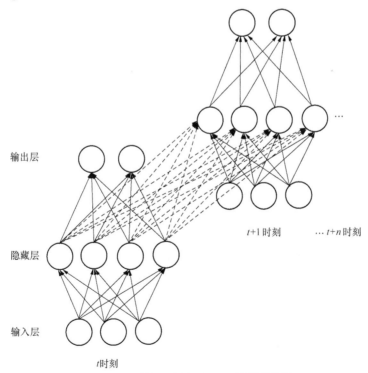

图 3-5　循环神经网络的 t 和 $t+1$ 时刻的结构图

---

[1] Amodei D, Anubhai R, Battenberg E, et al. Deep Speech 2: End-to-End Speech Recognition in English and Mandarin[J]. Computer Science, 2015.

和 Juergen Schmidhuber 在 *Long Short-term Memory* 一文中提出可以使用一种叫作长短期记忆单元（LSTM）的技术来解决梯度消失问题。[1]LSTM 借用数字电路中门电路的形式构建了输入门、遗忘门、输出门这 3 个控制神经元信息传递的逻辑门，决定某个输入信息在一定时间以后是否还需要保存，何时输出传递到下一神经元，何时丢弃，保证了在必须进行反向传播时维持恒定的误差。如图 3-6 所示，门控循环单元（Gated Recurrent Unit，GRU）是 LSTM 的一种变体，由 Junyoung Chung 等人在 2014 年提出，它采用一个更新门和一个重置门，功能与 LSTM 类似，速度更快、更易运行，但函数表达力比 LSTM 稍弱。[2]

递归神经网络（Recursive Neural Network）使用典型的递归树形结构来构成神经网络，其实是将神经网络用在分析树上，如图 3-7 所示。递归神经网络前向传播时依次遍历左孩子、右孩子、根节点，并继续前向递归。当其进行后向传播误差时，依次计算根节点、左孩子、右孩子的误差。由于在递归神经网络中，每个节点的权重是相同的，无法体现某些节点的重要性。人们为了解决这一问题，提出了很多递归神经网络的变种，例如为每个节点附加一个矩阵的 MV-RNN（Matrix-Vector Recursive Neural Networks），递归张量神经网络（Recursive Neural Tensor Network，RNTN）使用基于张量的组合函数来代替 MV-RNN 的附加矩阵，进一步减小了存储空间需求。

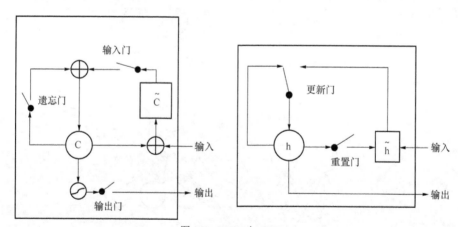

图 3-6　LSTM 与 GRU

生成对抗网络（GAN Generative Adversarial Nets）是一种在 2014 年才刚刚诞生的神经网络模型，由当时还在蒙特利尔大学读博士的 Ian J. Goodfellow 提出。[3]GAN 使用一个生成模型（Generative Model）和一个判别模型（Discriminative Model）。生成模型用于生成更贴近自然状

---

[1] Hochreiter S, Schmidhuber J. Long Short-term Memory.[J]. Neural Computation, 1997, 9(8):1735-1780.

[2] Chung J, Gulcehre C, Cho K H, et al. Empirical Evaluation of Gated Recurrent Neural Networks on Sequence Modeling[J]. Eprint Arxiv, 2014.

[3] Goodfellow I J, Pouget-Abadie J, Mirza M, et al. Generative Adversarial Nets[C]// International Conference on Neural Information Processing Systems. MIT Press, 2014:2672-2680.

态的数据，而判别模型用于判断生成模型生成的数据是人工合成的还是自然状态的。如果达不到要求的相似度，生成模型会继续生成数据供判别模型判断。就在生成和判别模型的对抗过程中，生成模型生成了与自然数据相似度很高的人工合成数据。

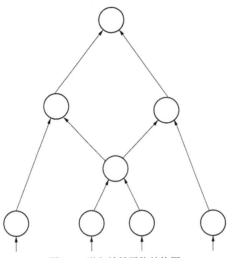

图 3-7 递归神经网络结构图

每种神经网络模型都有其最适用的领域和最擅长解决的问题。深信度网络、卷积神经网络、深度自动编码器更适合处理图像识别和搜索等图像问题；循环神经网络更适合处理语音识别、手写识别、预测分析等时间序列问题；递归神经网络更适合处理语法分析、句法分析、情感分析、词性标注、语义角色标记等自然语言处理（NLP）问题。在实际工程中，人们还常常将多种神经网络模型联合使用。将 GAN 和 CNN 结合起来用来生成图像和视频，比如把模糊图像转化为清晰图像，去掉视频或照片中的马赛克；将 GAN 和 RNN 相结合完成音乐合成以及自然语言的建模。在后续的章节中，我们将详细介绍和图像搜索相关的卷积神经网络、深信度网络络以及深度自动编码器。

3.2 深度学习应用框架

在深度神经网络的发展过程中，尤其是在近年来深度学习技术逐步走出实验室进入产业界，实现技术和产业融合发展的进程中，研究人员、互联网公司和开发者研发了许多用于深度学习的应用框架，并开放了框架的源代码，进一步加快了深度学习技术的进步和普及。下面将简略介绍一下目前人们常使用的深度学习应用框架。

3.2.1 TensorFlow

TensorFlow 是 Google 公司的 Google Brain 团队专门针对机器学习和深度神经网络而开发的专用平台。2015 年末，Google 宣布将 TensorFlow 开源并公开发布。TensorFlow 使用数据流图的形式来描述计算，数据流图中的节点既可以代表数学运算，也可以表示数据输入的起点、数据输出的终点或是读取、写入持久变量的终点。数据流图中的连线表示节点间的输入、输出关系，这些数据连线可以传输大小能够动态调整的多维数组，即张量（Tensor）。张量从数据流图中流过的直观形象也是"TensorFlow"得名的缘由。当张量传入节点以后，节点就被分配到计算设备上进行异步、并行的执行。

TensorFlow 并不是只能进行神经网络的计算，只要你能将计算表示成数据流图的形式，你就可以使用它进行计算。用户通过构建图（Graph）来描述用于驱动计算的运算逻辑，定义新的操作一般只需编写 Python 函数，这样会有很高的编程效率。TensorFlow 在 PC、云、移动设备上都可运行，能够实现算法研究和工程产品的无缝统一。TensorFlow 支持多种编程语言，除了原生支持的 Python 和 C++外，还可以通过 SWIG 实现多种语言的调用。TensorFlow 支持 GPU，并能够合理调配、充分利用硬件资源，将计算单元分配到不同设备并行执行，具有良好的硬件使用效率。

3.2.2　Torch

Torch 诞生于 2002 年，是一个具有悠久历史的科学计算程序框架。2015 年，Facebook 开源了其在 Torch 之上开发的有关深度学习、可用于计算机视觉和自然语言处理等场景的模块和插件集 fbcunn。fbcunn 构建在 Nvidia 发布的用于深度神经网络的 cuDNN 库之上，大幅提升了 Torch 中原生的 nn 神经网络包的性能。经 Facebook 改造后的 Torch，采用文本文件配置神经网络模型与代码相分离的模式，支持 GPU 加速计算，具有高度的模块化，提供支持 Android、iOS 移动系统的接口，通过 LuaJIT 接入 C 代码。不过由于 Lua 脚本语言普及度不高，使得使用 Torch 的开发人员并不太多。

3.2.3　Caffe

Caffe 全称 Convolutional architecture for fast feature embedding，是当时尚在加州大学伯克利分校攻读博士学位的贾扬清开发的，并于 2013 年底开源。Caffe 的设计思想遵循了神经网络由若干层组成的假设，使用户可以通过逐层定义的方式构成一个神经网络。在 Caffe 中，Layer 是模型和计算的基本单元，它承担了神经网络的两个核心操作——前向传播和反向传播。前向传播接收输入数据并计算输出，反向传播接收关于输出的梯度来计算相对于输入的梯度，并反向传播给它前面的层。只要定义好 layer 的初始化设置（setup）、前向（forward）和后向（backward），就可以将其纳入网络中，并最终组成一个由一系列 layer 组成的神经网络（net）。在 Caffe 中，使用 blob 结构来存储、交换和处理网络中正向、反向传播的数据和导数。

Caffe 中的模型及其优化设置以文本形式存在，并与代码相分离，具有模块化的结构，支持 GPU，拥有快速运行现有成功模型或迁移学习现有模型的能力，因此受到广大开发者的欢迎。

3.2.4　Theano

Theano 于 2008 年诞生于加拿大蒙特利尔大学 LISA 实验室，是一个集成了 Numpy 的深度学习 Python 软件包。Theano 诞生较早，由大量开源的库组成，为学术界研究人员广泛使用，许多著名的神经网络库如 Keras、Blocks 均构建在 Theano 之上。

3.2.5　Keras

Keras 是一个基于 TensorFlow、Theano 以及 CNTK 高度封装的神经网络 API，由 Python 编写。Keras 为支持构想的快速实验而生，它能够把用户的想法快速地转化为结果。Keras 提供一致而简洁的 API，用户体验极好、相当易用，能够极大地减少开发者的工作量。在 Keras 中，网络层、损失函数、优化器、初始化策略、激活函数、正则化方法都是独立的模块，用户可以灵活地使用它们来构建自己的模型。Keras 具有优良的扩展性，只需要仿照现有的模块编写新的类或函数即可添加新的模块，创建新模块的便利性使得 Keras 更适合于先进的研究工作。Keras 没有单独的模型配置文件类型，模型由 Python 代码描述，使其更紧凑、更易调试，并提供了扩展的便利性。

3.2.6　DeepLearning4J

DeepLearning4J 是一款基于 Java 的原生深度学习框架，由创业公司 Skymind 于 2014 年 6 月发布。它是世界上首个商用级别的深度学习开源库，主要面向生产环境和商业应用的场景，并可与 Hadoop 和 Spark 大数据系统相集成，即插即用。DeepLearning4J 对于要在系统中快速集成深度学习功能的开发者尤其受用，包括埃森哲、雪弗兰、博斯咨询、IBM 在内的众多业界知名公司都是它的用户。

由于前面章节的代码都是使用 Java 编写的，为保持一致的读者体验，深度学习部分的代码采用原生支持 Java 的 DeepLearning4J 库。

3.3　卷积神经网络

3.3.1　卷积

在第 2 章中，我们多次使用滤波算子进行卷积操作，但卷积究竟什么呢？下面将详细对卷积的概念进行讲解。由于计算机处理的都是离散空间的问题，因此下面的讨论将仅局限在离散域上。

一维卷积是一种形如式（3-2）的数学运算：

$$y[n] = f[n] * g[n] = \sum_{i=-\infty}^{\infty} f[i] \times g[n-i] \qquad (3\text{-}2)$$

其中，*代表的就是卷积运算符。卷积运算广泛地应用在许多学科中：在数学中，卷积用来表示一个函数通过另一个函数时，两个函数有多少重叠的积分；在统计学中，卷积是滑动加权平均；在声学中，回声可以表示成源声与反映各种声音反射效应函数的卷积；在信号处理中，一个线性系统的输出可表示为输入信号与系统的脉冲响应的卷积；在图像处理中，卷积可以实现图像模糊、锐化、边缘检测等操作。

为了使读者更直观地了解卷积运算，这里举一个图文并茂的例子来说明它的原理。假设 $f(n)$=[1,2,3]，$g(n)$=[4,5,6]，$y(n)$=$f(n)$*$g(n)$，那么卷积结果 $y(n)$ 的长度为 3+3-1=5，计算步骤如下：

$y(0)$=$f(0)\times g(0-0)$+$f(1)\times g(0-1)$+$f(2)\times g(0-2)$=1×4+2×0+3×0=4
$y(1)$=$f(0)\times g(1-0)$+$f(1)\times g(1-1)$+$f(2)\times g(1-2)$=1×5+2×4+3×0=13
$y(2)$=$f(0)\times g(2-0)$+$f(1)\times g(2-1)$+$f(2)\times g(2-2)$=1×6+2×5+3×4=28
$y(3)$=$f(0)\times g(3-0)$+$f(1)\times g(3-1)$+$f(2)\times g(3-2)$=1×0+2×6+3×5=27
$y(4)$=$f(0)\times g(4-0)$+$f(1)\times g(4-1)$+$f(2)\times g(4-2)$=1×0+2×0+3×6=18
$y(n)$=[4,13,28,27,18]

对于卷积公式中的 $g(n-i)$，我们可以将其换一种方式表示，因 $g(n-i)$=$g(-i+n)$，故 $g(-i)$ 可以理解为以 y 轴为对称轴将 $g(i)$ 进行翻转的结果，$g(-i+n)$ 是将翻转的结果再平移 n。卷积 $y(n)$ 相当于当 $g(-i)$ 不断平移 n 时与 $f(n)$ 重合部分相乘求和的累积，这也是"卷积"一词意译的来源吧。

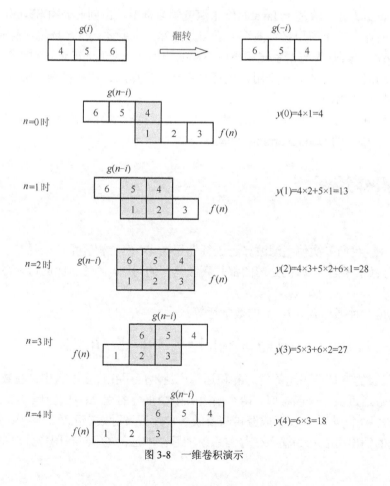

图 3-8　一维卷积演示

3.3 卷积神经网络

二维离散卷积与一维的情况类似，一个二维卷积就是在二维空间中做水平和垂直方向的一维卷积。二维卷积公式如下：

$$y[m,n] = x[m,n] * h[m,n] = \sum_{j=-\infty}^{\infty}\sum_{i=-\infty}^{\infty} x[i,j] \times h[m-i,n-j] \qquad (3\text{-}3)$$

在图像处理中，h 常被称为卷积核、模板、滤波器。二维卷积的计算等同于如下过程：首先将卷积核 h 分别以 y 轴和 x 轴为对称轴进行两次翻转，将翻转后的卷积核 h^* 的中心依次在 3×3 矩阵 x 上移动，计算两个矩阵重合部分的数值乘积和，并将其作为结果矩阵 y 中卷积核中心覆盖位置的数值。在图 3-9 中，左侧是矩阵 x 与翻转后的 h^* 重合部分求点积的过程，中间是按照公式计算的步骤，右侧是每个步骤的结果。由于 x 和 h 未重合时的 x 矩阵相应位置的数值都是零，因此我们在图 3-9 所示的卷积计算演示步骤第二步中将简化计算，不再计算数值为零的部分。

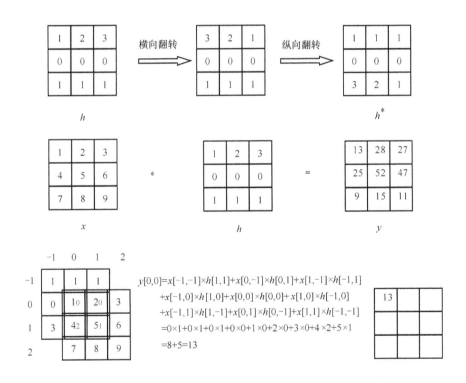

图 3-9 二维卷积演示

$y[1,0]=x[0,0]\times h[1,0]+x[1,0]\times h[0,0]+x[2,0]\times h[-1,0]$
$\quad +x[0,1]\times h[1,-1]+x[1,1]\times h[0,-1]+x[2,1]\times h[-1,-1]$
$=1\times 0+2\times 0+3\times 0+4\times 3+5\times 2+6\times 1$
$=12+10+6=28$

$y[2,0]=x[1,0]\times h[1,0]+x[2,0]\times h[0,0]$
$\quad +x[1,1]\times h[1,-1]+x[2,1]\times h[0,-1]$
$=2\times 0+3\times 0+5\times 3+6\times 2$
$=15+12=27$

$y[0,1]=x[0,0]\times h[0,1]+x[1,0]\times h[-1,1]$
$\quad +x[0,1]\times h[0,0]+x[1,1]\times h[-1,0]$
$\quad +x[0,2]\times h[0,-1]+x[1,2]\times h[-1,-1]$
$=1\times 1+2\times 1+4\times 0+5\times 0+7\times 2+8\times 1$
$=1+2+14+8=25$

$y[1,1]=x[0,0]\times h[1,1]+x[1,0]\times h[0,1]+x[2,0]\times h[-1,1]$
$\quad +x[0,1]\times h[1,0]+x[1,1]\times h[0,0]+x[2,1]\times h[-1,0]$
$\quad +x[0,2]\times h[1,-1]+x[1,2]\times h[0,-1]+x[2,2]\times h[-1,-1]$
$=1\times 1+2\times 1+3\times 1+4\times 0+5\times 0+6\times 0+7\times 3+8\times 2+9\times 1$
$=1+2+3+21+16+9=52$

$y[2,1]=x[1,0]\times h[1,1]+x[2,0]\times h[0,1]$
$\quad +x[1,1]\times h[1,0]+x[2,1]\times h[0,0]$
$\quad +x[1,2]\times h[1,-1]+x[2,2]\times h[0,-1]$
$=2\times 1+3\times 1+5\times 0+6\times 0+8\times 3+9\times 2$
$=2+3+24+18=47$

图 3-9 二维卷积演示（续）

$$y[0,2]=x[0,1]\times h[0,1]+x[1,1]\times h[-1,1]$$
$$+x[0,2]\times h[0,0]+x[1,2]\times h[-1,0]$$
$$=4\times 1+5\times 1+7\times 0+8\times 0$$
$$=4+5=9$$

$$y[1,2]=x[0,1]\times h[1,1]+x[1,1]\times h[0,1]+x[2,1]\times h[-1,1]$$
$$+x[0,2]\times h[1,0]+x[1,2]\times h[0,0]+x[2,2]\times h[-1,0]$$
$$=4\times 1+5\times 1+6\times 1+7\times 0+8\times 0+9\times 0$$
$$=4+5+6=15$$

$$y[2,2]=x[1,1]\times h[1,1]+x[2,1]\times h[0,1]$$
$$+x[1,2]\times h[1,0]+x[2,2]\times h[0,0]$$
$$=5\times 1+6\times 1+8\times 0+9\times 0$$
$$=5+6=11$$

图 3-9 二维卷积演示（续）

在进行上面的二维卷积运算演示时，为了方便说明和计算，假设矩阵 x 和卷积核 h 都为 3×3 的矩阵。在实际的卷积运算中，卷积核 h 的大小往往要比矩阵 x 小得多。卷积运算过程烦琐、运算量很大，在实际程序编制中，只为降低二维卷积运算的资源开销，往往将二维卷积核分解成两个一维卷积核，再进行连续卷积计算。

$$x[m,n]*\begin{bmatrix}A\cdot a & A\cdot b & A\cdot c\\ B\cdot a & B\cdot b & B\cdot c\\ C\cdot a & C\cdot b & C\cdot c\end{bmatrix}=x[m,n]*\left(\begin{bmatrix}A\\ B\\ C\end{bmatrix}\cdot[a\ b\ c]\right)=x[m,n]*\begin{bmatrix}A\\ B\\ C\end{bmatrix}*[a\ b\ c] \quad (3\text{-}4)$$

在卷积运算中，对卷积核的翻转使得卷积运算具有可交换性。但是在卷积神经网络中并不需要可交换性，所以在卷积神经网络的卷积运算中实际上并未对卷积核进行翻转，只是一种点积运算。此外，在卷积神经网络中，输入图像与卷积核的卷积运算是以两者的（0,0）处对齐作为起始的。这些都是需要读者注意的。

3.3.2 卷积神经网络概述

现在我们已经了解了卷积运算的原理、步骤以及它在卷积神经网络中的实现，下面将详细介绍目前在图像领域大显神威的卷积神经网络究竟是什么。

卷积神经网络本质上是一种与多层神经网络 MLP 同样类型的前馈神经网络。在通常的前馈神经网络中，输入层接收数据，数据前向传播，经由若干隐藏层后由输出层输出结果。每个隐藏层包含若干神经元，其中每个神经元又与前一层的全部神经元连接，也就是通常所说的全连接。这样，如果在输入层输入一个 300×300 的 RGB 图像，那么第一个隐藏层的每个神经元就会有 300×300×3=270000 个权重。随着图像的增大，权重的数量会急剧地增加。这一情况不仅造成我们会很快无法为之找到可以匹配的计算能力，而且会使神经网络产生严重的过拟合（指神经网络模型与训练样本太过匹配，以至于无法很好地实现对新数据的识别和分类）的现象。为了解决这些问题，人们提出了局部感受野、参数共享、池化等方法，最终形成了我们今天所看到的由若干卷积层、池化层、RELU 层以及全连接层组成的卷积神经网络。下面将一一对这些方法和概念进行详细解释。

1. 局部感受野与参数共享

为了解决神经元全连接带来的参数过多问题，人们使用一种称为局部感受野的方法。如图 3-10 所示，输入 16×16 图像的每个像素并未全部与图中右侧隐藏层的神经元相连，而是将输入图像中一个小区域（3×3 灰色部分）的每个像素与神经元连接，这一个小区域就是隐藏层神经元的局部感受野。局部感受野与神经元的每个连接学习一个权重，并学习一个总的偏置（bias）。然后将局部感受野依次向右、向下移动，每次移动对应一个不同的神经元，这样就产生了第一个隐藏层，也就是图 3-10 中 14×14 的隐藏层，我们通常将这个隐藏层叫作"卷积层"。局部感受野每次移动的一个像素的距离，称之为步长（stride），有时我们会使用不同的步长，如果每次局部感受野移动两个像素的距离，那么 stride=2。局部感受野在每次移动一个步长的过程中使用的都是同一组权重和偏置，通常称之为参数共享。3×3 的局部感受野总共有 9 个共享权重，加上一个共享偏置，有 10 个参数，假设使用了 20 个不同的卷积核来实现特征映射，那么总共有 200 个参数。如果采用全连接的神经网络，使用一个相对适中的 20 个神经元的隐藏层，那么就会有 16×16×20=5120 个权重，加上 20 个偏置，总共 5140 个参数。显然全连接的参数数量是前者的 20 余倍，随着图像规模的扩大，这一差距将会呈几何级增加。这样一来，相比全连接的多层神经网络，使用参数共享策略的卷积神经网络极大地减少了参数的数量。

2. 零填充

将上面的 16×16 大小的输入图像进行卷积后，生成 14×14 大小的卷积层。假如照此继续进行卷积层处理，那么它缩减的速度往往会超出我们的预期。为了在卷积神经网络的前几层尽量多地保留原始输入信息，可以采用零填充（zero-padding）的方法扩大输入图像，如图 3-11 所示。

3. 卷积层

局部感受野中的像素值与各连接权重形成的卷积核进行无卷积核翻转的卷积运算构成了卷积层中的数值。对第 (x, y) 个隐藏神经元，数值为：

3.3 卷积神经网络

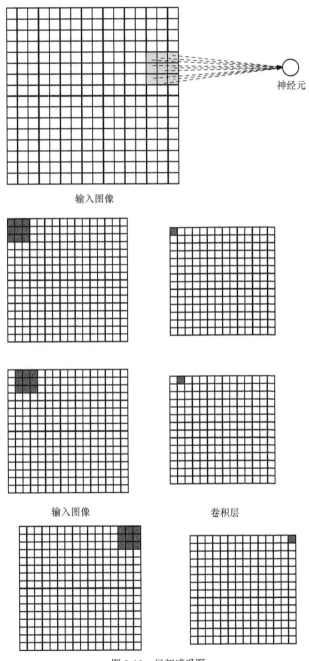

图 3-10 局部感受野

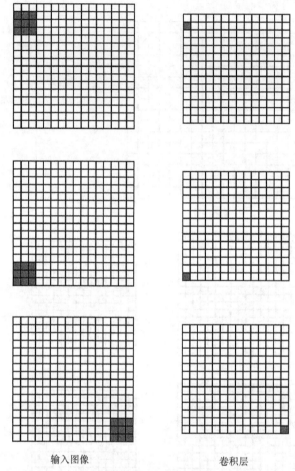

输入图像　　　　　　　　卷积层

图 3-10　局部感受野（续）

$$o = \sigma\left(b + \sum_{i=0}^{2}\sum_{j=0}^{2} w_{i,j} a_{x+i,y+j}\right) \tag{3-5}$$

σ 是神经元的激活函数，b 是共享的偏置，$w_{i,j}$ 是 3×3 共享权重矩阵，$a_{x,y}$ 是 (x,y) 处的输入像素值。卷积运算的本质实际上是求取相似性，也就是局部感受野内部分输入图像与卷积核的相似性。部分输入图像与卷积核相似性越高，那么它们卷积结果的数值越大，使其能够得到激活输出，反之则不能得到激活输出。在实际的卷积神经网络中，通常使用多个卷积核来查找特征相似性，这样卷积层中的数值就是局部感受野与每个卷积核卷积运算结果的总和。

卷积层的输出大小 O 由输入的大小 W、局部感受野的大小 F、步长 S 和填零的数量 P 共同决定，公式如下：

$$O = \frac{W - F + 2P}{S} + 1 \tag{3-6}$$

3.3 卷积神经网络

卷积神经网络通常是由多个卷积层组成的。如图 3-12 所示，第一个卷积层往往会检测边缘、曲线等较低级的特征，下一个卷积层会学习整合上一个卷积层输出的特征，比如第二个卷积层会检测半圆（曲线和直线的组合）或四边形（直线的组合）等特征。随着网络深度的增加，将得到更为复杂的特征，最后我们会检测到接近检测物体的特征，这也是卷积神经网络能够实现特征提取和图像分类、识别的基础。

图 3-11 零填充

Layer1

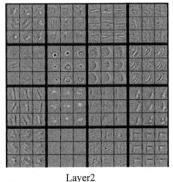

Layer2

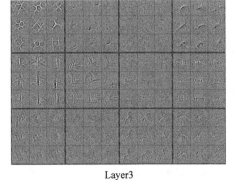

Layer3

图 3-12 卷积层的特征检测作用

4. RELU 层

在 3.1.2 节中，我们介绍过 RELU 修正线性单元解决了梯度消失和神经网络只能处理线性操作的问题。RELU 层其实就是对所有的输入内容都应用了 $f(x)=\max(0, x)$ 函数变化的隐藏层。这一层将所有负激活都变为零，它增加了整个神经网络的非线性特征。

5. 池化层

池化层（Pooling Layer）也叫作下采样层（Subsampling Layer）。如果我们知道了输入数据中的特征，那么它与其他特征的相对位置就比它的绝对位置更重要，这样就可以缩减输入数据的空间维度。它通常采用平均池化、L2-norm 池化或是最大池化。如图 3-13 所示，采用了一个 2×2 的过滤器和同样长度的步长应用到输入内容上，输出过滤器卷积计算的每个子区域的最大数值。池化层通过池化计算，减少了权重参数的数目，降低了计算成本，控制了过拟合。

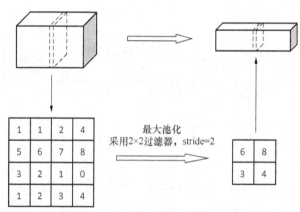

图 3-13　最大池化

6. 全连接层

在卷积神经网络中，这一层的每个神经元与前一层的神经元完全连接，故称为全连接层。通常，全连接层会输出一个 N 维向量，N 是神经网络模型能够分类的数量。例如在手写阿拉伯数字识别的神经网络模型中会有一个 10 维的向量,向量中的每个数值代表数字 0~9 的概率。如果模型输出的一个结果向量是[0,0.1,0.1,0,0,0,0.8,0,0.2,0]，那么它代表检测的数字是 0、3、4、5、7、9 的概率为 0，是 1 和 2 的概率为 10%，是 6 的概率为 80%，是 8 的概率为 20%。全连接层确定上一层输出特征与每个分类的匹配度，决定它与谁最为吻合。

7. 超级参数

不同于权重与偏置等能够从数据训练中学习到的参数，超级参数并不能从数据中学习到。它需要根据所面对的具体问题，依经验来事先设置。在深度学习中，我们通常需要根据具体情况设置以下全部或部分超级参数。

(1) 学习率。学习率是最重要的超级参数之一,它表示参数移动到最优值的速度快慢。如果学习率过大,参数很可能越过最优值;反之学习率过小,寻找最优值的过程相当漫长,甚至完全没有进展。学习率的取值范围一般在 0.1 到 1e-6(10^{-6})之间,最理想的速率通常取决于具体的数据以及网络架构。我们最初可以在 1e-1(10^{-1})、1e-3(10^{-3})、1e-6(10^{-6})三种不同的学习速率间进行尝试,了解它的大概取值,然后进一步微调。

(2) 神经网络的层数。

(3) 每个隐藏层中神经元的个数。

(4) 正则化参数。正则化方法通过约束参数的范数,在一定程度上避免了训练时发生过拟合的情况。

(5) 学习的回合数(Epoch)、迭代次数(Iteration)以及微批次数据的大小(Mini-batch size)。在深度学习中,我们通常需要面对巨大的训练数据量。在这种情况下,一次性将训练数据输入计算机是不可能的。为了解决这个问题,可以将数据集分为若干小块,逐块传输给计算机,在每块数据训练完成后更新一次神经网络的参数。完整地逐块训练数据集一次称为一个回合,完成一个小块的训练叫作一个迭代,每个小块数据的大小称为微批次数据的大小。Epoch、Mini-batch size 都会对模型的优化程度和速度产生影响。

(6) 损失函数的选择。损失函数用以衡量真实值和预测值间的差异程度。损失函数的选择依据任务的不同而不同。对于回归问题,均方误差/平方损失函数(L2 损失函数)最为常用;对于分类问题,交叉熵损失函数最为常用。

(7) 权重初始化的方法。权重初始化方法的选择也会对模型的优化程度和速度产生影响。好的初始化方法会加快收敛速度,更易找到最优解。目前主流的权重初始化方法有高斯分布初始化、Xavier 初始化等。

(8) 激活函数的种类。激活函数能够为神经网络加入非线性映射能力,使其能够更好地应对复杂问题。激活函数类型的选择会直接影响神经网络的收敛速度,对于隐藏层的激活函数,RELU 激活函数及其变体一般是比较好的选择。然而输出层的激活函数选择往往取决于具体的应用,对分类问题而言,通常需要使用 softmax 激活函数;对于回归问题而言,恒等激活函数通常是比较好的选择。

(9) 梯度优化算法。最常用的方法是随机梯度下降(SGD)。

(10) 梯度标准化。梯度标准化可以帮助避免梯度在神经网络训练过程中变得过大或过小。

(11) 参加训练模型的数据规模。

8. 卷积神经网络结构

一个卷积神经网络通常由卷积层、RELU 层、池化层以及全连接层按一定规则组合而成。在一般情况下,可以用下面的模式来描述卷积神经网络的结构:

输入层→[[卷积层→RELU 层]*N→池化层?]*M→[全连接层→RELU 层]*K→全连接层

其中*代表重复,?代表可选的,$N \geq 0$ 且通常 $N \leq 3$,$M \geq 0$,$K \geq 0$ 且通常 $K < 3$。例如,

当 N=0、M=0、K=0 时，卷积神经网络会是一个具有输入层→全连接层结构的线性分类器。当 N、M、K 参数取不同值时，会形成深度不一的卷积神经网络，如：输入层→卷积层→RELU 层→全连接层→输入层→卷积层→RELU 层→池化层→卷积层→RELU 层→池化层→全连接层→RELU 层→全连接层。还有更为复杂的：输入层→卷积层→RELU 层→卷积层→RELU 层→池化层→卷积层→RELU 层→卷积层→RELU 层→池化层→卷积层→RELU 层→卷积层→RELU 层→池化层→全连接层→RELU 层→全连接层→RELU 层→全连接层。

3.3.3 经典卷积神经网络结构

在卷积神经网络的发展过程中，形成了很多经典的卷积神经网络结构，比如 LeNet、AlexNet、ZF Net、GoogLeNet、VGGNet 和 ResNet。

1. LeNet

LeNet 是卷积神经网络第一个成功的商业应用，它由 Yann LeCun 在 20 世纪 90 年代成功开发并运用在手写支票数字识别和手写邮政编码识别领域。如图 3-14 所示，LeNet-5 由 8 层组成。输入层接收归一化为 32×32 大小的手写数字图像。第一个卷积层 C1 在输入层上使用 5×5 大小的局部感受野形成 6 个不同的特征映射，每个特征映射的输出大小都为 28×28。C1 层之后是池化层 S2，它是在 C1 层上使用 2×2 大小的感受野经池化操作形成的 6 个 14×14 大小的输出。紧随 S2 其后的又是一个卷积层 C3，C3 具有 16 个特征映射，每个特征映射连接 S2 上 5×5 大小的局部感受野，输出大小 10×10。S2 与 C3 的连接比较复杂，连接关系如表 3-1 所示，非全连接的策略把连接的数量控制在合理的规模，并方便不同输入的特征提取。S4 是一个在 C3 上使用 2×2 大小的感受野经池化操作形成的 16 个 5×5 大小输出的池化层。C5 是一个具有 120 个特征映射的卷积层，每个特征映射连接 S4 上 5×5 大小的局部感受野，C5 与 S4 全连接。F6 是连接到 C5 的全连接层，具有 84 个神经元。最后的输出层有 10 个神经元，对应 0~9 的 10 个数字，采用了欧氏径向基函数（Eucliean Radial Basis Function，RBF）。RBF 计算输入与 radial 中心的欧氏距离，RBF 的输出 y_i 计算公式如下：

$$y_i = \sum_j (x_j - w_{ij})^2 \tag{3-7}$$

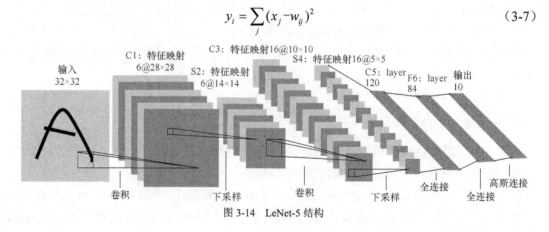

图 3-14　LeNet-5 结构

RBF 计算了每个输入与代表性中心的距离，也就是计算了输入与代表性中心的相似性。

表 3-1　　　　　　　　　　　S2 层与 C3 层的连接

	$C3_0$	$C3_1$	$C3_2$	$C3_3$	$C3_4$	$C3_5$	$C3_6$	$C3_7$	$C3_8$	$C3_9$	$C3_{10}$	$C3_{11}$	$C3_{12}$	$C3_{13}$	$C3_{14}$	$C3_{15}$
$S2_0$	√				√	√	√			√	√	√	√		√	√
$S2_1$	√	√				√	√	√			√	√	√	√		√
$S2_2$	√	√	√				√	√	√			√		√	√	√
$S2_3$		√	√	√			√	√	√	√			√		√	√
$S2_4$			√	√	√			√	√	√	√		√	√		√
$S2_5$				√	√	√			√	√	√	√		√	√	√

【代码 3-1】LeNet 的 DL4J 的实现

```java
package com.ai.deepsearch.deeplearning.models;

import org.deeplearning4j.nn.api.OptimizationAlgorithm;
import org.deeplearning4j.nn.conf.MultiLayerConfiguration;
import org.deeplearning4j.nn.conf.NeuralNetConfiguration;
import org.deeplearning4j.nn.conf.distribution.NormalDistribution;
import org.deeplearning4j.nn.conf.inputs.InputType;
import org.deeplearning4j.nn.conf.layers.ConvolutionLayer;
import org.deeplearning4j.nn.conf.layers.DenseLayer;
import org.deeplearning4j.nn.conf.layers.OutputLayer;
import org.deeplearning4j.nn.conf.layers.SubsamplingLayer;
import org.deeplearning4j.nn.multilayer.MultiLayerNetwork;
import org.deeplearning4j.nn.weights.WeightInit;
import org.nd4j.linalg.activations.Activation;
import org.nd4j.linalg.lossfunctions.LossFunctions;

/**
 * LeNet 模型
 */
public class LeNetModel {
    private int width;
    private int height;
    private int depth = 3;
    private long seed = 123;
    private int iterations = 90;

    public LeNetModel(int width, int height, int depth, long seed,
                     int iterations) {
        this.width = width;
        this.height = height;
        this.depth = depth;
        this.seed = seed;
```

```java
            this.iterations = iterations;
    }

    public MultiLayerNetwork initModel() {
        MultiLayerConfiguration.Builder confBuilder = new NeuralNetConfiguration.Builder()
                // 设置随机数产生器种子
                .seed(seed)
                // 设置优化迭代次数
                .iterations(iterations)
                // 设置激活函数
                .activation(Activation.SIGMOID)
                // 设置权重初始化方式
                .weightInit(WeightInit.DISTRIBUTION)
                .dist(new NormalDistribution(0.0, 0.01))
                // 设置学习率
                .learningRate(1e-3)
                .learningRateScoreBasedDecayRate(1e-1)
                .optimizationAlgo(OptimizationAlgorithm.STOCHASTIC_GRADIENT_DESCENT)
                .list()
                // C1层，感受野大小 5×5, stride=1
                .layer(0, new ConvolutionLayer.Builder(new int[]{5, 5}, new int[]{1, 1})
                        .name("C1")
                        .nIn(depth)
                        // C1层特征映射数: 6
                        .nOut(6)
                        .build())
                // S2层，过滤器大小 2×2, stride=2
                .layer(1, new SubsamplingLayer.Builder(SubsamplingLayer.PoolingType.MAX, new int[]{2, 2}, new int[]{2, 2})
                        .name("S2")
                        .build())
                // C3层，感受野大小 5×5, stride=1
                .layer(2, new ConvolutionLayer.Builder(new int[]{5, 5}, new int[]{1, 1})
                        .name("C3")
                        // C1层特征映射数: 16
                        .nOut(16)
                        .biasInit(1)
                        .build())
                // S4层，过滤器大小 2×2, stride=2
                .layer(3, new SubsamplingLayer.Builder(SubsamplingLayer.PoolingType.MAX, new int[]{2, 2}, new int[]{2, 2})
                        .name("S4")
                        .build())
                // C5层
                .layer(4, new DenseLayer.Builder()
```

```
                        .name("C5")
                        // C1 层特征映射数: 120
                        .nOut(120)
                        .build())
                        // F6 层
                .layer(5, new DenseLayer.Builder()
                        .name("F6")
                        // F6 层输出数: 84
                        .nOut(84)
                        .build())
                        // 输出层
                .layer(6, new OutputLayer.Builder(LossFunctions.LossFunction.NEGATIVE
LOGLIKELIHOOD)
                        .name("OUTPUT")
                        // 输出层输出 10 个数字(0~9)的概率
                        .nOut(10)
                        .activation(Activation.SOFTMAX)
                        .build())
                        // 反向传播
                .backprop(true)
                        // 不做预训练
                .pretrain(false)
                        // 输入层输入大小
                .setInputType(InputType.convolutional(height, width, depth));

        // 根据配置构建网络模型
        MultiLayerNetwork lenetModel = new MultiLayerNetwork(confBuilder.build());
        lenetModel.init();

        return lenetModel;
    }
}
```

2. AlexNet

AlexNet 是 2012 年由 Hinton 和他的研究生 Alex Krizhevsky、Ilya Sutskever 提出的一种深度卷积神经网络结构,我们通常称之为 AlexNet。AlexNet 在 ILSVRC 中的优异表现也使人们开始重新认识卷积神经网络。如图 3-15 所示,AlexNet 由输入层、输出层和 7 个隐藏层组成。在 7 个隐藏层中,前 5 个是卷积层(有些含有 Max 池化操作),后 2 个是全连接层。最后的输出层是一个包含 1000 个分类的 softmax,对应 ImageNet 图像库的 1000 个图像类别。输入层是一幅 224×224 的 RGB 图像,对应 224×224×3 个神经元,第一个卷积层中使用 96 个大小为 11×11×3 的卷积核,步长设置为 4,对输入图像进行卷积操作。由于受到当时单个 GPU 内存容量的限制,作者采用两个 GPU 并行计算的方式,分上下两部分各处理 96/2=48 个卷积运算。第二个卷积层使用 256(上、下各 128)个大小为 5×5×48 的卷积核对第一个卷积层的输出进行卷积运算，并使用最大池化和局部响应归一化（LRN）进一步处理卷积后的数据。第三个卷积层使用 384（上、下各 192）个大小为 3×3×256 的卷积核对第二个卷积层的输出进行卷积操作，并进行归一、池化。第四个卷积层使用 384（上、下各 192）个大小为 3×3×192 的卷积核进行卷积运算，第五个卷积层使用 256（上、下各 128）个大小为 3×3×192 的卷积核进行卷积。在 5 个卷积层之后是 2 个全连接层，每个全连接层具有 4096（上、下各 2048）个神经元。

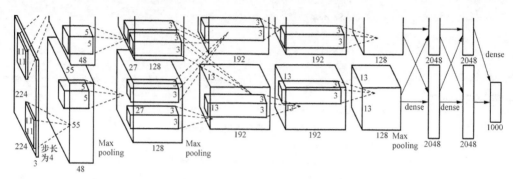

图 3-15　AlexNet 结构

【代码 3-2】AlexNet 的 DL4J 的实现

```java
package com.ai.deepsearch.deeplearning.models;

import org.deeplearning4j.nn.api.OptimizationAlgorithm;
import org.deeplearning4j.nn.conf.*;
import org.deeplearning4j.nn.conf.distribution.GaussianDistribution;
import org.deeplearning4j.nn.conf.distribution.NormalDistribution;
import org.deeplearning4j.nn.conf.inputs.InputType;
import org.deeplearning4j.nn.conf.layers.*;
import org.deeplearning4j.nn.multilayer.MultiLayerNetwork;
import org.deeplearning4j.nn.weights.WeightInit;
import org.nd4j.linalg.activations.Activation;
import org.nd4j.linalg.lossfunctions.LossFunctions;

/**
 * AlexNet 模型
 */
public class AlexNetModel {
    private int width;
    private int height;
    private int depth = 3;
    private long seed = 123;
    private int iterations = 90;
    private int classfications=1000;

    public AlexNetModel(int width, int height, int depth, long seed, int iterations, int classfications) {
```

3.3 卷积神经网络

```java
        this.width = width;
        this.height = height;
        this.depth = depth;
        this.seed = seed;
        this.iterations = iterations;
        this.classfications = classfications;
    }

    public MultiLayerNetwork initModel() {
        MultiLayerConfiguration.Builder confBuilder=new NeuralNetConfiguration.Builder()
                    // 设置随机数产生器种子
                    .seed(seed)
                    // 设置权重初始化方式
                    .weightInit(WeightInit.DISTRIBUTION)
                    .dist(new NormalDistribution(0.0,0.01))
                    // 设置激活函数
                    .activation(Activation.RELU)
                    // 设置梯度更新器
                    .updater(Updater.NESTEROVS)
                    // 设置优化迭代次数
                    .iterations(iterations)
                    // 设置梯度归一化策略
                    .gradientNormalization(GradientNormalization.RenormalizeL2PerLayer)
                    .optimizationAlgo(OptimizationAlgorithm.STOCHASTIC_GRADIENT_DESCENT)
                    // 设置学习率
                    .learningRate(1e-2)
                    .biasLearningRate(1e-2*2)
                    .learningRateDecayPolicy(LearningRatePolicy.Step)
                    // 设置学习率衰退
                    .lrPolicyDecayRate(0.1)
                    .lrPolicySteps(100000)
                    // 使用正则化
                    .regularization(true)
                    // l2 正则化权重系数
                    .l2(5*1e-4)
                    // 仅在梯度更新器设置为 NESTEROVS 时使用
                    .momentum(0.9)
                    // 不执行小批次处理输入
                    .miniBatch(false)
                    .list()
                    //C1 层, 感受野大小 11x11, stride=4, padding=3
                    .layer(0, new ConvolutionLayer.Builder(new int[]{11,11}, new int[]{4,4},new int[]{3,3})
                            .name("C1")
                            .biasInit(0)
                            .nIn(depth)
```

```
                        .nOut(96)
                        .build())
                //L2层
                .layer(1, new LocalResponseNormalization.Builder()
                        .name("L2")
                        .build())
                //S3层,过滤器大小 3x3, stride=2
                .layer(2, new SubsamplingLayer.Builder(SubsamplingLayer.PoolingType.
MAX, new int[]{3,3},new int[]{2,2})
                        .name("S3")
                        .build())
                //C4层,感受野大小 5x5, stride=1, padding=2
                .layer(3,new ConvolutionLayer.Builder(new int[]{5,5},new int[]{1,1},
new int[]{2,2})
                        .name("C4")
                        .biasInit(1)
                        .nOut(256)
                        .build())
                //L5层
                .layer(4, new LocalResponseNormalization.Builder()
                        .name("L5")
                        .build())
                //S6层,过滤器大小 3x3, stride=2
                .layer(5, new SubsamplingLayer.Builder(SubsamplingLayer.PoolingType.
MAX,new int[]{3,3},new int[]{2,2})
                        .name("S6")
                        .build())
                //C7层,感受野大小 3x3, stride=1, padding=1
                .layer(6, new ConvolutionLayer.Builder(new int[]{3,3},new int[]{1,1},
new int[]{1,1})
                        .name("C7")
                        .nOut(384)
                        .biasInit(0)
                        .build())
                //C8层,感受野大小 3x3, stride=1, padding=1
                .layer(7, new ConvolutionLayer.Builder(new int[]{3,3},new int[]{1,1},
new int[]{1,1})
                        .name("C8")
                        .nOut(384)
                        .biasInit(1)
                        .build())
                //C9层,感受野大小 3x3, stride=1, padding=1
                .layer(8, new ConvolutionLayer.Builder(new int[]{3,3},new int[]{1,1},
new int[]{1,1})
                        .name("C9")
                        .nOut(256)
```

```java
                            .biasInit(1)
                            .build())
                    //S10层，过滤器大小3x3, stride=2
                    .layer(9, new SubsamplingLayer.Builder(SubsamplingLayer.PoolingType.MAX, new int[]{3,3}, new int[]{2,2})
                            .name("S10")
                            .build())
                    //F11层
                    .layer(10, new DenseLayer.Builder()
                            .name("F11")
                            //F11层输出数：4096
                            .nOut(4096)
                            .biasInit(1)
                            .dropOut(0.5)
                            .dist(new GaussianDistribution(0,0.005))
                            .build())
                    //F12层
                    .layer(11, new DenseLayer.Builder()
                            .name("F12")
                            //F12层输出数：4096
                            .nOut(4096)
                            .biasInit(1)
                            .dropOut(0.5)
                            .dist(new GaussianDistribution(0,0.005))
                            .build())
                            //输出层，输出1000个分类
                    .layer(12, new OutputLayer.Builder(LossFunctions.LossFunction.NEGATIVELOGLIKELIHOOD)
                            .name("OUTPUT")
                            .nOut(classfications)
                            .activation(Activation.SOFTMAX)
                            .build())
                    // 反向传播
                    .backprop(true)
                    // 不做预训练
                    .pretrain(false)
                    // 输入层输入大小
                    .setInputType(InputType.convolutional(height, width, depth));

        // 根据配置构建网络模型
        MultiLayerNetwork alexModel=new MultiLayerNetwork(confBuilder.build());
        alexModel.init();

        return alexModel;
    }
}
```

3. GoogLeNet

GoogLeNet 模型是 2014 年 ILSVRC 图像分类任务的冠军，它的名字之所以写成这一形式，是为了纪念 LeNet 对卷积神经网络所起到的开创性作用。GoogLeNet 具有更深的网络结构，是一个达 22 层的卷积神经网络模型。Google 公司的 Christian Szegedy 等人介绍该模型的论文 *Going deeper with convolution* 中指出："可以改善深度神经网络性能最常见的办法往往是增加深度——神经网络的层数或是增加宽度——每层神经元的数量，然而这种办法通常更易产生过拟合和导致计算资源的过度需求。解决这一问题的根本办法是将全连接转换为稀疏连接的结构，然而目前的计算机系统对非均匀稀疏数据的计算效率很差。"有没有一种办法既能保持网络结构的稀疏性，又能利用密集矩阵的高计算性能呢？文中提出了一种被称为"Inception"的结构来实现这一目的。[1]

Inception 结构的主要思想是使用密集成分来近似模拟最优的局部稀疏结构，如图 3-16 所示。图 3-16 的上半部分是 Inception 的初始构想，在多层结构中进行数据相关性统计，将高相关性的区域聚集在一起。接近输入层的较低层聚集输入图像的某些区域，逐层聚集，最终得到在单个区域的大量聚类，并通过 1×1、3×3、5×5 尺寸的卷积覆盖，尺寸越大，聚类数量越少。之所以采用大小为 1×1、3×3、5×5 的卷积核，主要是为了方便对齐。此外，可以加一条并行

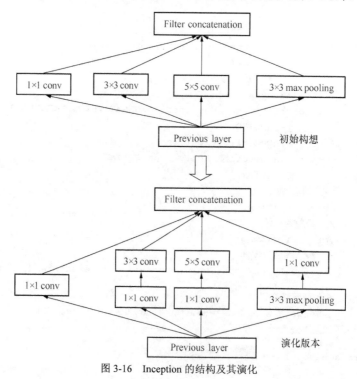

图 3-16　Inception 的结构及其演化

---

[1] Szegedy C, Liu W, Jia Y, et al. Going deeper with convolutions[J]. 2014:1-9.

的池化路径用于提高效率。但是实际使用中，初始版本的 Inception 结构也暴露出一个问题：由于在卷积层顶端的滤波器太多，会带来过量的计算资源开销。在加入池化路径后，这一问题会更加突出，池化输入和卷积输出的融合会导致输出数量增长得更快。虽然初始版本的 Inception 结构包含了最优的系数结构，但效率较低。为了解决这一问题，作者又对其进行了改进，提出了演化版本。使用加入维度缩减的方法，在 3×3、5×5 的卷积前用一个 1×1 的卷积来减少计算消耗，并增加修正线性激活。假设上一层的输出为 100×100×128，经过具有 256 个输出的 5×5 卷积操作后（stride=1，pad=2），经计算(100−5+2×2)/1+1=100，故输出为 100×100×256，卷积层的参数为 128×5×5×256=819200。如果采用先经过具有 32 个输出的 1×1 卷积层，再经过具有 256 个输出的 5×5 卷积层，那么最终的输出仍为 100×100×256，但参数数量已经减少为 128×1×1×32+32×5×5×256=208896，是前一方法参数数量的 1/4。

在 GoogLeNet 的网络结构中（如图 3-17 所示），在较低层使用传统卷积，而在较高层使用 Inception 结构。在图 3-17（a）中，为简化 GoogLeNet 模型表示，将 Inception 结构的一部分用 InceptionN 来表示，如图 3-17（b）所示。通常采用 Inception 结构的网络模型比没有采用的网络模型快 2～3 倍。表 3-2 描述了 GoogLeNet 成功的实例数据，包括 Inception 模块在内的所有卷积都使用了 ReLU。

表 3-2　　　　　　　　　　　GoogLeNet 模型成功的实例数据

type	patch size/stride	output size	depth	#1×1	#3×3 reduce	#3×3	#5×5 reduce	#5×5	pool proj	parms	ops
convolution	7×7/2	112×112×64	1							2.7K	34M
max pool	3×3/2	56×56×64	0								
convolution	3×3/1	56×56×192	2		64	192				112K	360M
max pool	3×3/2	28×28×192	0								
inception(3a)		28×28×256	2	64	96	128	16	32	32	159K	128M
inception(3b)		28×28×480	2	128	128	192	32	96	64	380K	304M
max pool	3×3/2	14×14×480	0								
inception(4a)		14×14×512	2	192	96	208	16	48	64	364K	73M
inception(4b)		14×14×512	2	160	112	224	24	64	64	437K	88M
inception(4c)		14×14×512	2	128	128	256	24	64	64	463K	100M
inception(4d)		14×14×528	2	112	144	288	32	64	64	580K	119M
inception(4e)		14×14×832	2	256	160	320	32	128	128	840K	170M
max pool	3×3/2	7×7×832	0								
inception(5a)		7×7×832	2	256	160	320	32	128	128	1072K	54M
inception(5b)		7×7×1024	2	384	192	384	48	128	128	1388K	71M
avg pool	7×7/1	1×1×1024	0								
dropout(40%)		1×1×1024	0								
linear		1×1×1000	1							1000K	1M
softmax		1×1×1000	0								

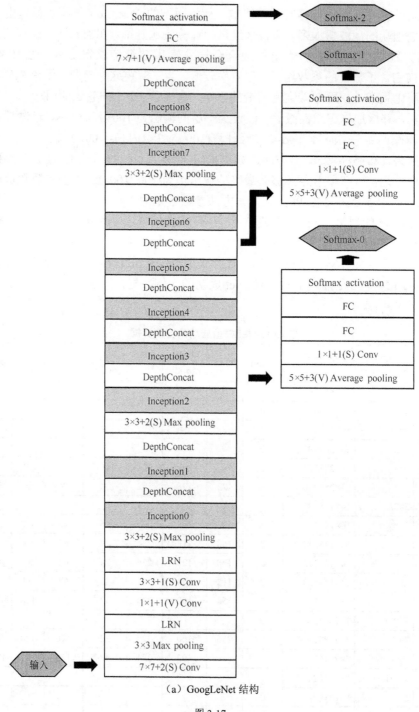

（a）GoogLeNet 结构

图 3-17

3.3 卷积神经网络

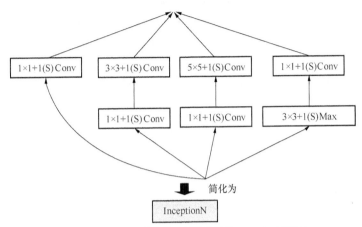

（b）将 Inception 结构的一部分简化为 InceptionN 表示

图 3-17 （续）

该网络输入层感受野的大小是 224×224，采用 RGB 图像，并减去均值。表 3-2 中的#3×3 reduce 和#5×5 reduce 分别表示 3×3 和 5×5 卷积前维度缩减层中 1×1 卷积核的数量，pool proj 表示嵌入最大池化层之后的投影层中 1×1 卷积核的个数，缩减层和投影层都需要使用 ReLU。该网络中间层生成的特征非常具有区分性，加了 2 个辅助分类器，见图 3-17 中的 Softmax-1 和 Softmax-2 部分。

【代码 3-3】Inception 的 DL4J 的实现

```java
package com.ai.deepsearch.deeplearning.models;

import org.deeplearning4j.nn.conf.ComputationGraphConfiguration;
import org.deeplearning4j.nn.conf.graph.MergeVertex;
import org.deeplearning4j.nn.conf.layers.ConvolutionLayer;
import org.deeplearning4j.nn.conf.layers.SubsamplingLayer;

/**
 * Inception
 */
public class Inception {
    public ComputationGraphConfiguration.GraphBuilder generateInception(ComputationGraphConfiguration.GraphBuilder graphBuilder, String prefix, int inputSize, int[][] output, String inputLayer) {
        graphBuilder.addLayer(prefix + "-conv1x1", new ConvolutionLayer.Builder(new int[]{1, 1}, new int[]{1, 1}, new int[]{0, 0}).nIn(inputSize).nOut(output[0][0]).biasInit(0.2).build(), inputLayer)
                .addLayer(prefix + "-c3x3reduce", new ConvolutionLayer.Builder(new int[]{1, 1}, new int[]{1, 1}, new int[]{0, 0}).nIn(inputSize).nOut(output[1][0]).biasInit(0.2).build(), inputLayer)
```

```
                    .addLayer(prefix + "-c5x5reduce", new ConvolutionLayer.Builder(new
int[]{1, 1}, new int[]{1, 1}, new int[]{0, 0}).nIn(inputSize).nOut(output[2][0]).bias
Init(0.2).build(), inputLayer)
                    .addLayer(prefix + "-maxpool", new SubsamplingLayer.Builder(new int[]
{3, 3}, new int[]{1, 1}, new int[]{1, 1}).build(), inputLayer)
                    .addLayer(prefix + "-conv3x3", new ConvolutionLayer.Builder(new int[]
{3, 3}, new int[]{1, 1}, new int[]{1, 1}).nIn(output[1][0]).nOut(output[1][1]).biasIn
it(0.2).build(), prefix + "-c3x3reduce")
                    .addLayer(prefix + "-conv5x5", new ConvolutionLayer.Builder(new int[]
{5, 5}, new int[]{1, 1}, new int[]{2, 2}).nIn(output[2][0]).nOut(output[2][1]).biasIn
it(0.2).build(), prefix + "-c5x5reduce")
                    .addLayer(prefix + "-poolproj", new ConvolutionLayer.Builder(new int
[]{1, 1}, new int[]{1, 1}, new int[]{0, 0}).nIn(inputSize).nOut(output[3][0]).biasIn
it(0.2).build(), prefix + "-maxpool")
                    .addVertex(prefix + "-depthconcat", new MergeVertex(), prefix + "-con
v1x1", prefix + "-conv3x3" + prefix + "-conv5x5", prefix + "-poolproj");
        return graphBuilder;
    }
}
```

【代码 3-4】GoogLeNet 的 DL4J 的实现

```
package com.ai.deepsearch.deeplearning.models;

import org.deeplearning4j.nn.api.OptimizationAlgorithm;
import org.deeplearning4j.nn.conf.ComputationGraphConfiguration;
import org.deeplearning4j.nn.conf.LearningRatePolicy;
import org.deeplearning4j.nn.conf.NeuralNetConfiguration;
import org.deeplearning4j.nn.conf.Updater;
import org.deeplearning4j.nn.conf.layers.*;
import org.deeplearning4j.nn.graph.ComputationGraph;
import org.deeplearning4j.nn.weights.WeightInit;
import org.nd4j.linalg.activations.Activation;
import org.nd4j.linalg.lossfunctions.LossFunctions;

/**
 * GoogLeNet 模型
 */
public class GoogLeNetModel {
    private int width;
    private int height;
    private int depth = 3;
    private long seed = 123;
    private int iterations = 90;
    private int classfications = 1000;

    public GoogLeNetModel(int width, int height, int depth, long seed,
```

```java
                            int iterations, int classfications) {
        this.width = width;
        this.height = height;
        this.depth = depth;
        this.seed = seed;
        this.iterations = iterations;
        this.classfications = classfications;
    }

    public ComputationGraph initModel() {
        ComputationGraphConfiguration.GraphBuilder graphBuilder = new NeuralNetConfiguration.Builder()
                        // 设置随机数产生器种子
                        .seed(seed)
                        // 设置权重初始化方式
                        .weightInit(WeightInit.XAVIER)
                        // 设置激活函数
                        .activation(Activation.RELU)
                        // 设置优化迭代次数
                        .iterations(iterations)
                        .optimizationAlgo(
                                OptimizationAlgorithm.STOCHASTIC_GRADIENT_DESCENT)
                        // 设置学习率
                        .learningRate(1e-2).biasLearningRate(2 * 1e-2)
                        .learningRateDecayPolicy(LearningRatePolicy.Step)
                        .lrPolicyDecayRate(0.96)
                        .lrPolicySteps(320000)
                        // 使用正则化
                        .regularization(true)
                        // l2 正则化权重系数
                        .l2(2e-4)
                        // 设置梯度更新器
                        .updater(Updater.NESTEROVS)
                        // 仅在梯度更新器设置为 NESTEROVS 时使用
                        .momentum(0.9)
                        .graphBuilder();
        // 设置输入层
        graphBuilder.addInputs("INPUT")
                        .addLayer("C1", new ConvolutionLayer.Builder(new int[]{7,7},new int[]{2,2}, new int[]{3,3}).nIn(depth).nOut(64).biasInit(0.2).build(),"INPUT")
                        .addLayer("S2", new SubsamplingLayer.Builder(new int[]{3,3}, new int[]{2,2}, new int[]{0,0}).build(), "C1")
                        .addLayer("L3", new LocalResponseNormalization.Builder(5, 1e-4, 0.75).build(), "S2")
                        .addLayer("C4", new ConvolutionLayer.Builder(new int[]{1,1},new int[]{1,1}, new int[]{0,0}).nIn(64).nOut(64).biasInit(0.2).build(), "L3")
```

```
            .addLayer("C5", new ConvolutionLayer.Builder(new int[]{3,3},new int[]
{1,1}, new int[]{1,1}).nIn(64).nOut(192).biasInit(0.2).build(), "C4")
            .addLayer("L6", new LocalResponseNormalization.Builder(5, 1e-4, 0.75)
.build(), "C5")
            .addLayer("S7", new SubsamplingLayer.Builder(new int[]{3,3}, new int
[]{2,2}, new int[]{0,0}).build(), "L6");
        // Inception 对象
        Inception inception=new Inception();
        inception.generateInception(graphBuilder, "3a", 192, new int[][]{{64},{96,128},
{16,32},{32}}, "S7");
        inception.generateInception(graphBuilder, "3b", 256, new int[][]{{128},{128,
192},{32,96},{64}}, "3a-depthconcat");
        graphBuilder.addLayer("S8", new SubsamplingLayer.Builder(new int[]{3,3}, new
int[]{2,2}, new int[]{0,0}).build(), "3b-depthconcat");
        inception.generateInception(graphBuilder, "4a", 480, new int[][]{{192},{96,208},
{16,48},{64}}, "3b-depthconcat");
        inception.generateInception(graphBuilder, "4b", 512,new int[][]{{160},{112,
224},{24,64},{64}} , "4a-depthconcat");
        inception.generateInception(graphBuilder, "4c", 512,new int[][]{{128},{128,
256},{24,64},{64}} , "4b-depthconcat");
        inception.generateInception(graphBuilder, "4d", 512,new int[][]{{112},{144,
288},{32,64},{64}} , "4c-depthconcat");
        inception.generateInception(graphBuilder, "4e", 528,new
int[][]{{256},{160,320},{32,128},{128}} , "4d-depthconcat");
        graphBuilder.addLayer("S8", new SubsamplingLayer.Builder(new int[]{3,3}, new
int[]{2,2}, new int[]{0,0}).build(), "4e-depthconcat");
        inception.generateInception(graphBuilder, "5a", 832,new int[][]{{256},{160,
320},{32,128},{128}} , "S8");
        inception.generateInception(graphBuilder, "5b", 832,new int[][]{{384},{192,
384},{48,128},{128}} , "5a-depthconcat");
        graphBuilder.addLayer("S9", new SubsamplingLayer.Builder(SubsamplingLayer.
PoolingType.AVG,new int[]{7,7}, new int[]{2,2}, new int[]{0,0}).build(), "5b-depth
concat")
            .addLayer("F10", new DenseLayer.Builder().nIn(1024).nOut(1024).dropOut
(0.4).build(), "S9")
            .addLayer("OUTPUT", new OutputLayer.Builder(LossFunctions.LossFunction
.NEGATIVELOGLIKELIHOOD).nIn(1024).nOut(classfications).activation(Activation.SOFTMAX).
build(), "F10")
        // 设置输出层
        .setOutputs("OUTPUT")
        // 反向传播
        .backprop(true)
        // 不做预训练
        .pretrain(false);

        // 根据配置构建网络模型
```

```
        ComputationGraphConfiguration conf=graphBuilder.build();
        ComputationGraph googlenetModel=new ComputationGraph(conf);
        googlenetModel.init();

        return googlenetModel;
    }
}
```

4. VGGNet

VGGNet 是由牛津大学的视觉几何团队提出的网络模型结构,在 2014 年的 ILSVRC 中取得分类任务第二名、定位任务第一名的成绩。同 GoogLeNet 一样,VGGNet 也利用更小的卷积核(3×3 大小的卷积核)来实现网络向更深方向发展的策略。与 AlexNet 在第一个卷积层使用 11×11 大小的卷积核不同,VGGNet 使用多个连续的 3×3 卷积操作达到相同的目的。两个连续的 3×3 卷积相当于一个 5×5 的卷积,3 个相当于一个 7×7 的卷积。使用连续的 3×3 卷积,而不使用大尺寸的卷积操作,具有两个突出的优点:一是每个 3×3 卷积层后都会使用 ReLU,这样就包含了多个 ReLU,使决策函数更具判别性;二是进一步减少了参数,同在讲解 Inception 结构中描述的一样,多个连续的小尺寸卷积比一个大尺寸的卷积使用更少的参数。

如表 3-3 所示,从 A 到 E,网络的深度逐渐加深,更多的层被加入,加入的层用粗体表示。卷积层的参数用 conv<感受野大小>-<通道数量>的形式表示,为了简洁,表中未体现 ReLU 激活函数。A 具有 11 层,包含 8 个卷积层和 3 个全连接层。E 具有 19 层,包括 16 个卷积层和 3 个全连接层。输入层接收 224×224 大小的 RGB 输入图像,并减去像素均值。卷积层通道数从 64 到 512,每经过一个最大池化层,数量扩大一倍。前两个全连接层都具有 4096 个通道,第三个全连接层具有 1000 个通道,用于分类。最后一层是 Softmax 层。

表 3-3　　　　　　　　　　VGGNet 模型网络结构

VGGNet 配置					
A	A-LRN	B	C	D	E
11 层	11 层	13 层	16 层	16 层	19 层
输入层(224×224 RGB 图像)					
conv3-64	conv3-64 **LRN**	conv3-64 **conv3-64**	conv3-64 conv3-64	conv3-64 conv3-64	conv3-64 conv3-64
最大池化层					
conv3-128	conv3-128	conv3-128 **conv3-128**	conv3-128 conv3-128	conv3-128 conv3-128	conv3-128 conv3-128
最大池化层					
conv3-256 conv3-256	conv3-256 conv3-256	conv3-256 conv3-256	conv3-256 conv3-256 **conv1-256**	conv3-256 conv3-256 **conv3-256**	conv3-256 conv3-256 **conv3-256**

续表

最大池化层					
conv3-512 conv3-512	conv3-512 conv3-512	conv3-512 conv3-512	conv3-512 conv3-512 **conv1-512**	conv3-512 conv3-512 **conv3-512**	conv3-512 conv3-512 conv3-512 **conv3-512**
最大池化层					
conv3-512 conv3-512	conv3-512 conv3-512	conv3-512 conv3-512	conv3-512 conv3-512 **conv1-512**	conv3-512 conv3-512 **conv3-512**	conv3-512 conv3-512 conv3-512 **conv3-512**
最大池化层					
全连接层-4096					
全连接层-4096					
全连接层-1000					
Softmax 层					

【代码 3-5】VGGNet 的 DL4J 的实现

```java
package com.ai.deepsearch.deeplearning.models;

import org.deeplearning4j.nn.api.OptimizationAlgorithm;
import org.deeplearning4j.nn.conf.GradientNormalization;
import org.deeplearning4j.nn.conf.MultiLayerConfiguration;
import org.deeplearning4j.nn.conf.NeuralNetConfiguration;
import org.deeplearning4j.nn.conf.Updater;
import org.deeplearning4j.nn.conf.distribution.NormalDistribution;
import org.deeplearning4j.nn.conf.inputs.InputType;
import org.deeplearning4j.nn.conf.layers.ConvolutionLayer;
import org.deeplearning4j.nn.conf.layers.DenseLayer;
import org.deeplearning4j.nn.conf.layers.OutputLayer;
import org.deeplearning4j.nn.conf.layers.SubsamplingLayer;
import org.deeplearning4j.nn.multilayer.MultiLayerNetwork;
import org.deeplearning4j.nn.weights.WeightInit;
import org.nd4j.linalg.activations.Activation;
import org.nd4j.linalg.lossfunctions.LossFunctions;

/**
 * VGGNet 模型
 */
public class VGGNetModel {
    private int width;
    private int height;
    private int depth = 3;
    private long seed = 123;
    private int iterations = 370;
```

```java
    private int classfications=1000;

    public VGGNetModel(int width, int height, int depth, long seed, int iterations,int classfications) {
        this.width = width;
        this.height = height;
        this.depth = depth;
        this.seed = seed;
        this.iterations = iterations;
        this.classfications = classfications;
    }

    public MultiLayerNetwork initModel() {
        MultiLayerConfiguration.Builder confBuilder=new NeuralNetConfiguration.Builder()
                        // 设置随机数产生器种子
                        .seed(seed)
                        // 设置权重初始化方式
                        .weightInit(WeightInit.DISTRIBUTION)
                        .dist(new NormalDistribution(0.0,0.01))
                        // 设置激活函数
                        .activation(Activation.RELU)
                        // 设置梯度更新器
                        .updater(Updater.NESTEROVS)
                        // 设置优化迭代次数
                        .iterations(iterations)
                        // 设置梯度归一化策略
                        .gradientNormalization(GradientNormalization.RenormalizeL2PerLayer)
                        .optimizationAlgo(OptimizationAlgorithm.STOCHASTIC_GRADIENT_DESCENT)
                        // 设置学习率
                        .learningRate(1e-1)
                        .learningRateScoreBasedDecayRate(1e-1)
                        // 使用正则化
                        .regularization(true)
                        // l2 正则化权重系数
                        .l2(5*1e-4)
                        // 仅在梯度更新器设置为 NESTEROVS 时使用
                        .momentum(0.9)
                        .list()
                        //C1 层，感受野大小 3x3, stride=1, padding=1
                        .layer(0, new ConvolutionLayer.Builder(new int[]{3,3}, new int[]{1,1}, new int[]{1,1})
                                .name("C1")
                                .nIn(depth)
                                .nOut(64)
                                .build())
                        //S2 层，过滤器大小 2x2
```

```java
                        .layer(1, new SubsamplingLayer.Builder(SubsamplingLayer.PoolingType.
MAX, new int[]{2,2})
                                .name("S2")
                                .build())
                        //C3 层，感受野大小 3x3, stride=1, padding=1
                        .layer(2,new ConvolutionLayer.Builder(new int[]{3,3},new int[]{1,1},
new int[]{1,1})
                                .name("C3")
                                .nOut(128)
                                .build())
                        //S4 层，过滤器大小 2x2
                        .layer(3, new SubsamplingLayer.Builder(SubsamplingLayer.PoolingType.
MAX, new int[]{2,2})
                                .name("S4")
                                .build())
                        //C5 层，感受野大小 3x3, stride=1, padding=1
                        .layer(4,new ConvolutionLayer.Builder(new int[]{3,3},new int[]{1,1},
new int[]{1,1})
                                .name("C5")
                                .nOut(256)
                                .build())
                        //C6 层，感受野大小 3x3, stride=1, padding=1
                        .layer(5,new ConvolutionLayer.Builder(new int[]{3,3},new int[]{1,1},
new int[]{1,1})
                                .name("C5")
                                .nOut(256)
                                .build())
                        //S7 层，过滤器大小 2x2
                        .layer(6, new SubsamplingLayer.Builder(SubsamplingLayer.PoolingType.
MAX, new int[]{2,2})
                                .name("S7")
                                .build())
                        //C8 层，感受野大小 3x3, stride=1, padding=1
                        .layer(7,new ConvolutionLayer.Builder(new int[]{3,3},new int[]{1,1},
new int[]{1,1})
                                .name("C8")
                                .nOut(512)
                                .build())
                        //C9 层，感受野大小 3x3, stride=1, padding=1
                        .layer(8,new ConvolutionLayer.Builder(new int[]{3,3},new int[]{1,1},
new int[]{1,1})
                                .name("C9")
                                .nOut(512)
                                .build())
                        //S10 层，过滤器大小 2x2
```

```
                    .layer(9, new SubsamplingLayer.Builder(SubsamplingLayer.PoolingType.
MAX, new int[]{2,2})
                        .name("S10")
                        .build())
                    //C11层，感受野大小 3x3, stride=1, padding=1
                    .layer(10,new ConvolutionLayer.Builder(new int[]{3,3},new int[]{1,1},
new int[]{1,1})
                        .name("C11")
                        .nOut(512)
                        .build())
                    //C12层，感受野大小 3x3, stride=1, padding=1
                    .layer(11,new ConvolutionLayer.Builder(new int[]{3,3},new int[]{1,1},
new int[]{1,1})
                        .name("C12")
                        .nOut(512)
                        .build())
                    //S13层，过滤器大小 2x2
                    .layer(12, new SubsamplingLayer.Builder(SubsamplingLayer.PoolingType.
MAX, new int[]{2,2})
                        .name("S13")
                        .build())
                    //F14层
                    .layer(13, new DenseLayer.Builder()
                        .name("F14")
                        //F14层输出数：4096
                        .nOut(4096)
                        .dropOut(0.5)
                        .build())
                    //F15层
                    .layer(14, new DenseLayer.Builder()
                        .name("F15")
                        //F15层输出数：4096
                        .nOut(4096)
                        .dropOut(0.5)
                        .build())
                    //输出层，输出 1000 个分类
                    .layer(15, new OutputLayer.Builder(LossFunctions.LossFunction.NEGATIV
ELOGLIKELIHOOD)
                        .name("OUTPUT")
                        .nOut(classfications)
                        .activation(Activation.SOFTMAX)
                        .build())
                    // 反向传播
                    .backprop(true)
                    // 不做预训练
                    .pretrain(false)
```

```
            // 输入层输入大小
            .setInputType(InputType.convolutional(height, width, depth));

    // 根据配置构建网络模型
    MultiLayerNetwork vggModel=new MultiLayerNetwork(confBuilder.build());
    vggModel.init();

    return vggModel;
    }
}
```

3.3.4 使用卷积神经网络提取图像特征

在 2.3 节中，我们曾经提到图像特征具有稳健性的特点，也就是说在图像经过平移、缩放、旋转等操作后，图像特征仍能稳定的代表该图像。那么卷积神经网络提取的特征是否也具有这些特点呢？

由于权值共享的机制和池化层的作用，卷积神经网络在一定范围内具有了平移、缩放、旋转的不变性。权值共享使其具有一定空间范围内的特征检测能力，池化操作进一步降低了它对局部移动和形变的敏感性。比如读者可以观察图 3-18，它抽象地描述了池化层的作用。可以想象一下，图中的灰色小块无论在大的矩形框内怎样移动，它的池化结果都是不会变化的。然而卷积神经网络提取特征并不具有大空间范围内的平移不变性，以及良好的缩放和旋转不变性，它们需要卷积神经网络通过学习有关的数据而获得。通常用来训练模型的大型数据集 ImageNet 中存在大量不同角度拍摄、焦距不一、物体位置不同、曝光度不同的同一事物的照片，如图 3-19 所示。这也使大量在其上预训练的模型提取的特征具有了更大范围内的平移、缩放、旋转不变性。

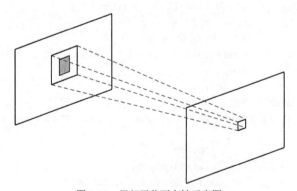

图 3-18　局部平移不变性示意图

如果我们想要提取性能更好、范围更大的不变性特征，就需要对原始图像采用多方向、多尺寸的平移，不同角度的旋转，不同比例的缩放等一系列数据增强方法扩充数据集，进而获得更具稳健性的不变特征，代码如下。

3.3 卷积神经网络

图 3-19　ImageNet 数据集中的例子

【代码 3-6】数据集扩充

```
package com.ai.deepsearch.deeplearning.datasets;

import com.ai.deepsearch.deeplearning.models.AlexNetModel;
import com.ai.deepsearch.deeplearning.models.LeNetModel;
import com.ai.deepsearch.deeplearning.models.VGGNetModel;
import org.datavec.api.io.labels.ParentPathLabelGenerator;
import org.datavec.api.split.FileSplit;
import org.datavec.api.split.InputSplit;
import org.datavec.image.loader.BaseImageLoader;
import org.datavec.image.recordreader.ImageRecordReader;
import org.datavec.image.transform.*;
import org.deeplearning4j.datasets.datavec.RecordReaderDataSetIterator;
import org.deeplearning4j.datasets.iterator.MultipleEpochsIterator;
import org.deeplearning4j.nn.multilayer.MultiLayerNetwork;
import org.nd4j.linalg.dataset.api.iterator.DataSetIterator;
import org.nd4j.linalg.dataset.api.preprocessor.DataNormalization;
import org.nd4j.linalg.dataset.api.preprocessor.ImagePreProcessingScaler;

import java.io.File;
import java.io.IOException;
import java.nio.file.Paths;
import java.util.Random;

/**
 * 扩充数据集
 */
public class DataAugmentation {
    private MultiLayerNetwork loadModel(String modelType, int width, int heigth, int channels) {
        MultiLayerNetwork network = null;
        switch (modelType) {
```

```java
            case "LeNet":
                LeNetModel leNetModel = new LeNetModel(width, heigth, channels, 123, 90);
                network = leNetModel.initModel();
                break;
            case "AlexNet":
                AlexNetModel alexNetModel = new AlexNetModel(width, heigth, channels, 123, 90, 1000);
                network = alexNetModel.initModel();
                break;
            case "VGGNet":
                VGGNetModel vggNetModel = new VGGNetModel(width, heigth, channels, 123, 370, 1000);
                network = vggNetModel.initModel();
                break;
        }
        return network;
    }

    private ImageTransform[] getMultiTransforms() {
        // 以随机方式旋转图像
        ImageTransform rotateTransform = new RotateImageTransform(new Random(123), 360);
        // 以随机方式缩放图像
        ImageTransform scaleTransform = new ScaleImageTransform(new Random(123), 1);
        // 以随机方式翻转图像
        ImageTransform flipTransform = new FlipImageTransform(new Random(123));
        return new ImageTransform[]{rotateTransform, scaleTransform, flipTransform};
    }

    // 利用扩充数据集进行训练
    private void augmentTrain(int width, int height, int channels, int labelNums, int miniBatchSize, int epochs) throws IOException {
        ImageTransform[] trans = getMultiTransforms();
        ParentPathLabelGenerator labelGen = new ParentPathLabelGenerator();
        File trainDir = Paths.get("resource/datasets/train").toFile();
        InputSplit trainData = new FileSplit(trainDir, BaseImageLoader.ALLOWED_FORMATS, new Random());
        ImageRecordReader trainReader = new ImageRecordReader(height, width, channels, labelGen);
        DataNormalization scaler = new ImagePreProcessingScaler(0, 1);
        DataSetIterator dataIter;
        MultipleEpochsIterator trainIter;
        for (ImageTransform tran : trans) {
            trainReader.initialize(trainData, tran);
            dataIter = new RecordReaderDataSetIterator(trainReader, miniBatchSize, 1, labelNums);
```

```
            scaler.fit(dataIter);
            dataIter.setPreProcessor(scaler);
            MultiLayerNetwork network = loadModel("VGGNet", width, height, channels);
            trainIter = new MultipleEpochsIterator(epochs, dataIter);
            network.fit(trainIter);
        }
    }
}
```

目前利用卷积神经网络提取的特征通常都是使用在 ImageNet 数据集上进行预训练的模型，诸如 AlexNet、VGGNet 等在某个全连接层或较后面的卷积层上所形成的特征。在卷积神经网络中，处于较前面的卷积层识别物体的边缘特征，后面的其他卷积层逐层对前面的特征进行抽象，由边缘特征到角和轮廓，再到物体的某个部分，而全连接层提取的特征更为考虑全局，是高度提纯和压缩的特征。目前在图像检索领域，我们通常采用更有效的基于 ImageNet 数据集预训练的 AlexNet 和 VGGNet 的某个全连接层来提取图像特征。见如下代码，利用 16 层的预训练 VGGNet 模型的 FC2 层来表征图像特征。

【代码 3-7】利用 VGGNet16 预训练模型的 FC2 层提取图像特征

```java
package com.ai.deepsearch.features.deeplearning;

import org.datavec.image.loader.NativeImageLoader;
import org.deeplearning4j.nn.graph.ComputationGraph;
import org.deeplearning4j.util.ModelSerializer;
import org.nd4j.linalg.api.ndarray.INDArray;
import org.nd4j.linalg.dataset.api.preprocessor.DataNormalization;
import org.nd4j.linalg.dataset.api.preprocessor.VGG16ImagePreProcessor;

import java.io.File;
import java.io.IOException;
import java.util.Map;

/**
 * 利用VGGNet16-ImageNet数据集预训练模型提取图像特征
 */
public class VGG16Feature {
    // 加载预训练的VGG16模型
    private ComputationGraph loadModel(String modelName) throws IOException {
        File model = new File(modelName);
        if(model.exists()) {
            return ModelSerializer.restoreComputationGraph(model);
        } else {
            return null;
        }
    }
    // 利用VGG16模型FC2层来提取图像的特征
```

```java
    private INDArray getVgg16Feature(String imageName,ComputationGraph model) throws IOException {
        File file=new File(imageName);
        NativeImageLoader loader=new NativeImageLoader(224,224,3);
        INDArray imageArray=loader.asMatrix(file);
        DataNormalization scaler=new VGG16ImagePreProcessor();
        scaler.transform(imageArray);
        Map<String,INDArray> map=model.feedForward(imageArray, false);
        INDArray feature=map.get("fc2");
        return feature;
    }

    public static void main(String[] args) {
        VGG16Feature modelFeature=new VGG16Feature();
        try {
            ComputationGraph vgg16=modelFeature.loadModel("resource/vgg16_dl4j_inference.zip");
            if (vgg16!=null){
                INDArray feature=modelFeature.getVgg16Feature("resource/image_name_rgb8.jpg", vgg16);
                System.out.print("VGG16模型提取特征:");
                System.out.println(feature.toString());
            } else {
                System.out.println("未找到VGG16模型文件!");
            }
        } catch (IOException e) {
            // TODO Auto-generated catch block
            e.printStackTrace();
        }
    }
}
```

3.3.5　使用迁移学习和微调技术进一步提升提取特征的精度

我们往往将基于预训练模型的图像检索技术应用在某个垂直领域，有些领域的图像与预训练数据集的图像类似，而有些领域的图像与预训练数据集图像并不相似或类型迥异。对于前者，我们可以继续使用 3.3.4 节中介绍的技术来提取图像特征。而对于后者，如果我们不拥有垂直领域的海量图像数据集，就无法重新从头训练一个良好的模型来提取图像特征，这时需要引入迁移学习和微调技术来改善所提取特征的精度。当然无论对于前者还是后者，我们都可以使用此种方法来提高模型所提取特征的精度。

从广义上来说，迁移学习是一种能够将在一个领域中学到的知识带到新领域中的能力。迁移学习按照学习方式又可以分为基于样本的迁移、基于特征的迁移、基于模型的迁移和基于关系的迁移，这里我们采用模型迁移的方式进行特征提取能力的迁移学习。而微调是指将已经训练好的模型迁移到新领域的过程中，不必从头训练和优化参数，只需要对其参数做简单调整即可进一步训练新领域的模型。具体以什么样的方式实现模型的迁移与微调主要取决于两点：新领域数据集的大小，以及新领域数据集与预训练模型原始数据集的相似程度。按照这两个因素的组合又会存在如下4种情形。

（1）当新领域数据集规模比较小并且与原始数据集比较相似时：由于新的数据集规模较小，微调卷积层的参数并不是一个明智的选择，容易造成过拟合；由于新数据集与原始数据集比较相似，较高卷积层和全连接层的特征也基本是相同的，所以只根据新数据集调整分类数量，进而训练一个新的线性分类器无疑是最好的选择。

（2）当新领域数据集规模比较大并且与原始数据集比较相似时：由于拥有更多的相关数据，所以我们可以微调所有层的参数，而不至于造成过拟合。

（3）当新领域数据集规模比较小但又与原始数据集存在很大不同时：因为数据集规模比较小，只训练一个新的线性分类器无疑是最优的。但新数据集与原始数据集又有很大的不同，只训练分类器并不能体现新数据集的特征，所以从某个更低的层开始训练分类器更能体现数据的差异性。

（4）当新领域数据集规模很大并且与原始数据集差异较大时：由于新数据集的规模很大，所以可以从零开始训练一个新的模型。然而即使是这样，我们仍然能够从模型迁移中获益。通常使用预训练的模型参数来初始化新模型的参数，并在此基础上微调整个网络来训练模型，进而加快模型的训练。

在上一节中，提到了使用预训练的 VGG16 模型 FC2 层来提取图像特征的例子。那么具体应该怎样应用迁移学习和微调技术来提升提取特征的精度呢？比如在某个领域内有图像搜索需求，我们要利用所拥有的该领域内的图像数据集对在 ImageNet 数据集上预训练的 VGG16 模型进行迁移学习和参数微调，来进一步提升 FC2 层所提取特征在该领域图像特征上的适配性。

假设该领域的图像数据集 Example 存在 4 个类别的图像，代码 3-8 对该数据集进行了预处理。代码 3-9 根据 Example 数据集具有 4 个分类图像的情况，将在 ImageNet 数据集 1000 个分类图像上预训练的 VGG16 模型调整分类数量为 4，并将训练后的模型输出为 vgg16_dl4j_finetune_last_layer.zip。代码 3-10 在调整分类数量后的模型 vgg16_dl4j_finetune_last_layer.zip 基础上继续训练微调所有全连接层的参数。

【代码 3-8】某个领域的图像数据集 Example

```
package com.ai.deepsearch.deeplearning.datasets;

import org.datavec.api.io.filters.BalancedPathFilter;
import org.datavec.api.io.labels.ParentPathLabelGenerator;
import org.datavec.api.split.FileSplit;
import org.datavec.api.split.InputSplit;
import org.datavec.image.loader.BaseImageLoader;
import org.datavec.image.recordreader.ImageRecordReader;
import org.deeplearning4j.datasets.datavec.RecordReaderDataSetIterator;
import org.nd4j.linalg.dataset.api.DataSetPreProcessor;
import org.nd4j.linalg.dataset.api.iterator.DataSetIterator;
```

```java
import org.nd4j.linalg.dataset.api.preprocessor.VGG16ImagePreProcessor;

import java.io.File;
import java.io.IOException;
import java.util.Random;

/**
 * 某个领域的图像数据集
 */
public class ExampleDataSetIterator {
    private static final String[] allowedExtensions = BaseImageLoader.ALLOWED_FORMATS;
    private static final String DATASET = "resource/datasets/example";
    private static final Random rand = new Random(12);
    private static InputSplit trainSplit, testSplit;
    private static ParentPathLabelGenerator labelGenerator = new ParentPathLabelGenerator();
    // 根据Example数据集中的图像类别数设置
    private static int numOfClasses = 4;

    private static DataSetIterator generateIterator(InputSplit inputSplit, int batchSize) throws IOException {
        ImageRecordReader recordReader = new ImageRecordReader(224, 224, 3, labelGenerator);
        recordReader.initialize(inputSplit);
        DataSetIterator iterator = new RecordReaderDataSetIterator(recordReader, batchSize, 1, numOfClasses);
        DataSetPreProcessor preProcessor = new VGG16ImagePreProcessor();
        iterator.setPreProcessor(preProcessor);
        return iterator;
    }

    // 将数据分为训练集和验证集
    public static void splitDataSet(int trainPercent) {
        File flowerDir = new File(DATASET);
        FileSplit files = new FileSplit(flowerDir, allowedExtensions, rand);
        BalancedPathFilter balancedFilter = new BalancedPathFilter(rand, allowedExtensions, labelGenerator);
        InputSplit[] filesSplited = files.sample(balancedFilter, trainPercent, 100 - trainPercent);
        trainSplit = filesSplited[0];
        testSplit = filesSplited[1];
    }

    // 训练集迭代器
    public static DataSetIterator trainIterator(int batchSize) throws IOException {
        return generateIterator(trainSplit, batchSize);
```

```java
    }

    // 测试集迭代器
    public static DataSetIterator testIterator(int batchSize) throws IOException {
        return generateIterator(testSplit, batchSize);
    }
}
```

【代码 3-9】训练一个新的线性分类器

```java
package com.ai.deepsearch.deeplearning.transfer;

import com.ai.deepsearch.deeplearning.datasets.ExampleDataSetIterator;
import org.deeplearning4j.eval.Evaluation;
import org.deeplearning4j.nn.api.OptimizationAlgorithm;
import org.deeplearning4j.nn.conf.Updater;
import org.deeplearning4j.nn.conf.distribution.NormalDistribution;
import org.deeplearning4j.nn.conf.layers.OutputLayer;
import org.deeplearning4j.nn.graph.ComputationGraph;
import org.deeplearning4j.nn.transferlearning.FineTuneConfiguration;
import org.deeplearning4j.nn.transferlearning.TransferLearning;
import org.deeplearning4j.nn.weights.WeightInit;
import org.deeplearning4j.util.ModelSerializer;
import org.nd4j.linalg.activations.Activation;
import org.nd4j.linalg.dataset.api.iterator.DataSetIterator;
import org.nd4j.linalg.lossfunctions.LossFunctions;
import org.slf4j.Logger;
import org.slf4j.LoggerFactory;

import java.io.File;
import java.io.IOException;

/**
 * 训练一个新的线性分类器
 */
public class FineTuneLastLayer {
    private static final Logger log = LoggerFactory
            .getLogger(FineTuneLastLayer.class);
    // 根据 Example 数据集中的图像类别数设置
    private int numOfClasses = 4;
    private int trainPercent = 80;
    private int batchSize = 15;

    // 加载预训练的 VGG16 模型
    private ComputationGraph loadModel(String modelName) throws IOException {
        File model = new File(modelName);
        if (model.exists()) {
```

```java
            return ModelSerializer.restoreComputationGraph(model);
        } else {
            return null;
        }
    }

    // 微调模型最后一层
    private boolean modifyLastLayer(ComputationGraph model) {
        // 微调参数设置
        FineTuneConfiguration fineTuneConf = new FineTuneConfiguration.Builder()
                .learningRate(5e-5)
                .optimizationAlgo(
                        OptimizationAlgorithm.STOCHASTIC_GRADIENT_DESCENT)
                .updater(Updater.NESTEROVS).seed(123456).build();

        // 模型迁移及微调设置
        ComputationGraph vgg16Transfer = new TransferLearning.GraphBuilder(
                model)
                .fineTuneConfiguration(fineTuneConf)
                .setFeatureExtractor("fc2")
                .removeVertexKeepConnections("predictions")
                .addLayer(
                        "predictions",
                        new OutputLayer.Builder(
                                LossFunctions.LossFunction.NEGATIVELOGLIKELIHOOD)
                                .nIn(4096)
                                .nOut(numOfClasses)
                                .weightInit(WeightInit.DISTRIBUTION)
                                .dist(new NormalDistribution(0,
                                        0.2 * (2.0 / (4096 + numOfClasses))))
                                .activation(Activation.SOFTMAX).build(), "fc2")
                .build();

        // 准备数据
        ExampleDataSetIterator.splitDataSet(trainPercent);
        try {
            DataSetIterator trainIter = ExampleDataSetIterator
                    .trainIterator(batchSize);
            DataSetIterator testIter = ExampleDataSetIterator
                    .testIterator(batchSize);

            Evaluation eval;
            eval = vgg16Transfer.evaluate(testIter);
            log.info("评估");
            log.info(eval.stats() + "\n");
            testIter.reset();
```

```java
        // 训练
        int iter = 0;
        while (trainIter.hasNext()) {
            vgg16Transfer.fit(trainIter.next());
            if (iter % 10 == 0) {
                log.info("评估模型,第" + iter + "次迭代");
                eval = vgg16Transfer.evaluate(testIter);
                log.info(eval.stats());
            }
            iter++;
        }
        log.info("训练完成");

        // 存储训练好的模型
        File file = new File("resource/vgg16_dl4j_finetune_last_layer.zip");
        ModelSerializer.writeModel(vgg16Transfer, file, false);
        log.info("模型已保存");
        return true;
    } catch (IOException e) {
        // TODO Auto-generated catch block
        e.printStackTrace();
        return false;
    }
}
```

【代码 3-10】微调所有全连接层

```java
package com.ai.deepsearch.deeplearning.transfer;

import com.ai.deepsearch.deeplearning.datasets.ExampleDataSetIterator;
import org.deeplearning4j.eval.Evaluation;
import org.deeplearning4j.nn.conf.Updater;
import org.deeplearning4j.nn.graph.ComputationGraph;
import org.deeplearning4j.nn.transferlearning.FineTuneConfiguration;
import org.deeplearning4j.nn.transferlearning.TransferLearning;
import org.deeplearning4j.util.ModelSerializer;
import org.nd4j.linalg.dataset.api.iterator.DataSetIterator;
import org.slf4j.Logger;
import org.slf4j.LoggerFactory;

import java.io.File;
import java.io.IOException;

/**
 * 微调所有全连接层
```

```java
    */
public class FineTuneAllFCLayer {
    private static final Logger log = LoggerFactory
            .getLogger(FineTuneAllFCLayer.class);
    // 根据 Example 数据集中的图像类别数设置
    private int numOfClasses = 4;
    private int trainPercent = 80;
    private int batchSize = 15;

    // 加载预训练的 VGG16 模型
    private ComputationGraph loadModel(String modelName) throws IOException {
        File model = new File(modelName);
        if (model.exists()) {
            return ModelSerializer.restoreComputationGraph(model);
        } else {
            return null;
        }
    }

    // 继续微调所有全连接层
    private boolean fineTuneAllFCLayer() throws IOException {
        // 加载修改最后一层已训练的模型
        ComputationGraph model = loadModel("resources/vgg16_dl4j_finetune_last_layer.zip");
        if (model != null) {
            // 微调参数设置
            FineTuneConfiguration fineTuneConf = new FineTuneConfiguration.Builder()
                    .learningRate(1e-5).updater(Updater.SGD).seed(123456)
                    .build();
            // 模型迁移及微调设置
            ComputationGraph vgg16Transfer = new TransferLearning.GraphBuilder(
                    model).fineTuneConfiguration(fineTuneConf)
                    .setFeatureExtractor("block4_pool").build();
            // 准备数据
            ExampleDataSetIterator.splitDataSet(trainPercent);
            try {
                DataSetIterator trainIter = ExampleDataSetIterator
                        .trainIterator(batchSize);
                DataSetIterator testIter = ExampleDataSetIterator
                        .testIterator(batchSize);

                Evaluation eval;
                eval = vgg16Transfer.evaluate(testIter);
                log.info("评估");
                log.info(eval.stats() + "\n");
                testIter.reset();
```

```java
        // 训练
        int iter = 0;
        while (trainIter.hasNext()) {
            vgg16Transfer.fit(trainIter.next());
            if (iter % 10 == 0) {
                log.info("评估模型,第" + iter + "次迭代");
                eval = vgg16Transfer.evaluate(testIter);
                log.info(eval.stats());
            }
            iter++;
        }
        log.info("训练完成");

        // 存储训练好的模型
        File file = new File(
                "resources/vgg16_dl4j_finetune_fc_layer_4.zip");
        ModelSerializer.writeModel(vgg16Transfer, file, false);
        log.info("模型已保存");
        return true;
    } catch (IOException e) {
        // TODO Auto-generated catch block
        e.printStackTrace();
        return false;
    }
} else {
    System.out.println("未找到已修改最后一层的VGG16模型文件!");
    return false;
}
}
}
```

3.4 本章小结

目前,深度学习技术在图像特征提取领域内所取得的成效已远超传统人工设计的方法。本章由什么是深度学习谈起,回顾了神经网络的发展史,介绍了主要的神经网络模型和深度学习应用框架,并重点讲解了卷积神经网络各个理论要点,包括经典的卷积神经网络结构以及怎样利用卷积神经网络提取图像特征,最后介绍了如何使用迁移学习和微调技术进一步提升提取特征的精度。

第4章 图像特征索引与检索

4.1 图像特征降维

第2章和第3章分别介绍了基于人工设计的图像特征提取方法和基于深度学习的图像特征提取方法。在这两大类图像特征中包含了许多高维度的特征向量,例如 Gabor 小波特征存在多个方向和尺度的特征,构成了高维度的特征向量;利用基于深度学习的 AlexNet、VGGNet 等网络模型提取的特征甚至高达 4096 维。高维度的图像特征不仅带来了较高的特征向量存储开销,而且极大地提高了特征相似度比较的时间和空间复杂度。那么有没有一种办法可以在不影响结果正确性的基础上降低这些开销呢?在实际应用中,我们通常采用特征选择或特征降维的方法来实现这一目的。特征选择是根据需要,从高维度的特征中选择其中的一部分作为新的特征。特征选择使用嵌入式、过滤式、封装式的方法,去除和最终结果不相关或相关度很低的特征,保留高相关性的特征。而特征降维是利用了高维度数据所固有的稀疏性,通过某种变换将数据由高维空间映射到低维空间的方法。在图像特征降维处理方法中,主成分分析(PCA)是最常用的算法。另外,深度学习中的自动编码器(Autoencoder)具有比主成分分析更好的降维效果,下面将详细介绍这两种方法。

4.1.1 主成分分析算法降维

主成分分析算法是由英国数学家 Karl Pearson 在 1901 年提出来的一种统计学方法,后来经过诸多科学家的进一步发展,逐步成为一种广泛应用于数据统计和数据降维的算法。使用主成分分析算法实现数据降维的基本思想是通过某种线性投影,将数据由高维空间映射到低维空间,使映射后的数据间具有最大的离散度,并可以利用较少的数据维度来表达原有数据空间的特性。

主成分分析算法通常采用将原始数据点分别向低维空间做投影的方法来实现映射,也就是 $Y=W^TX$,其中 X 为原数据,Y 为投影后的数据,W^T 是投影矩阵。如何计算这个投影矩阵 W,

使投影后的数据点尽可能分散,且投影后数据各维度间具有较低的相关性,就成为主成分分析算法的核心问题。经过数学推导,我们需要找到这样一个 W,使样本点经过 W 投影后具有最大的方差,且各维度间两两协方差为 0。经过进一步演算,将 W 的计算简化为对样本的协方差矩阵进行特征值分解的问题。

根据上面的思想,我们可以以将主成分分析算法降维过程归纳如下。

(1)每个样本作为一个列向量,所有样本构成一个样本矩阵,其中每行代表一个维度。

(2)将样本矩阵去中心化得到矩阵 X,也就是每一维数据减去该维数据的均值。

(3)计算样本的协方差矩阵。

(4)计算协方差矩阵的特征值和其对应的特征向量。

(5)将特征值按大小降序排列,取其中的 k 个特征值,并将它们对应的特征向量组合成特征矩阵 W。

(6)将数据 X 投影到低维空间,就得到降维后的数据 Y,即 $Y=W^TX$。

由于我们通常采用表格的形式来表示数据,为了与习惯相一致,我们将上述过程中的样本矩阵和结果矩阵 Y 的构成方式改为:每个样本作为一个行向量,每列为一维。因 $Y^T=(W^TX)^T=X^TW$,故投影的结果=输入数据矩阵×特征向量矩阵。

下面使用一个简单的例子来形象地说明这个问题。假设现在有一组 3 维数据,如表 4-1 所示,每行是一个样本,各列分别代表特征 x、y、z。

表 4-1　　　　　　　　　　　　　　一组 3 维数据

x	y	z
−1.0856306	0.99734545	0.2829785
−1.50629471	−0.57860025	1.65143654
−2.42667924	−0.42891263	1.26593626
−0.8667404	−0.67888615	−0.09470897
1.49138963	−0.638902	−0.44398196
−0.43435128	2.20593008	2.18678609
1.0040539	0.3861864	0.73736858
1.49073203	−0.93583387	1.17582904
−1.25388067	−0.6377515	0.9071052
−1.4286807	−0.14006872	−0.8617549

首先,需要将样本数据中心化,经过计算 x、y、z 列的均值分别为 −0.501608204、−0.0449493、0.6806994。中心化后的样本矩阵如表 4-2 所示。

表 4-2　　　　　　　　　　　　　　中心化后的数据

$x-\mu$	$y-\mu$	$z-\mu$
−0.584022	1.042295	−0.39772
−1.004687	−0.53365	0.970737

续表

$x-\mu$	$y-\mu$	$z-\mu$
−1.925071	−0.38396	0.585237
−0.365132	−0.63394	−0.77541
1.9929978	−0.59395	−1.12468
0.0672569	2.250879	1.506087
1.5056621	0.431136	0.056669
1.9923402	−0.89088	0.49513
−0.752272	−0.5928	0.226406
−0.927072	−0.09512	−1.54245

接下来，计算样本的协方差矩阵。在数学中通常使用协方差 $\mathrm{Cov}(x,y) = \dfrac{\sum_{i=1}^{n}(x_i-\bar{x})(y_i-\bar{y})}{n-1}$ 表示二维数据的离散程度，其中 $\bar{x}$、$\bar{y}$ 分别表示各维数据均值。对于多维数据，我们自然也就需要使用多个协方差来表示它们之间的关系，并使用协方差矩阵 $C_{n \times n} = (c_{i,j}, c_{i,j} = \mathrm{Cov}(Dim_i, Dim_j))$ 来表达。比如 3 维数据 x、y、z 的协方差矩阵表示为：

$$C = \begin{bmatrix} \mathrm{Cov}(x,x) & \mathrm{Cov}(x,y) & \mathrm{Cov}(x,z) \\ \mathrm{Cov}(y,x) & \mathrm{Cov}(y,y) & \mathrm{Cov}(y,z) \\ \mathrm{Cov}(z,x) & \mathrm{Cov}(z,y) & \mathrm{Cov}(z,z) \end{bmatrix}$$

表 4-1 中 3 维数据的协方差矩阵计算为：

$$\mathrm{Cov} = \begin{bmatrix} 1.8697863 & -0.0806636 & -0.1550287 \\ -0.0806636 & 0.9644132 & 0.3320147 \\ -0.1550287 & 0.3320147 & 0.9173631 \end{bmatrix}$$

下一步，计算协方差矩阵的特征值和特征向量，得到：

$$Eigenvalues = \begin{bmatrix} 0.6052503 & 1.2315945 & 1.9147178 \end{bmatrix}$$

$$Eigenvector = \begin{bmatrix} 0.047693 & -0.247817 & -0.967632 \\ -0.672240 & -0.724475 & 0.152410 \\ 0.738795 & -0.643212 & 0.201145 \end{bmatrix}$$

$Eigenvalues$ 是协方差矩阵的特征值，$Eigenvector$ 是特征值对应的特征向量。特征值 0.6052503、1.2315945、1.9147178 对应的特征向量分别是：$\begin{bmatrix} 0.047693 \\ -0.672240 \\ 0.738795 \end{bmatrix}$、$\begin{bmatrix} -0.247818 \\ -0.724475 \\ -0.643213 \end{bmatrix}$、

$$\begin{bmatrix} -0.967632 \\ 0.152410 \\ 0.201145 \end{bmatrix}$$

。特征值按照由大到小的顺序排列，选取其中最大的 k 个特征值，然后将其对应的特征向量合并为一个特征向量矩阵，k 就是要保留的维度。假如我们要将 3 维数据降为 2 维的，结果如下：

$$\begin{bmatrix} -0.967632 & -0.247818 \\ 0.152410 & -0.724475 \\ 0.201145 & -0.643213 \end{bmatrix}$$

最后，将表 4-2 中样本数据中心化后的矩阵与特征向量矩阵相乘，得到降维后的 2 维数据，如表 4-3 所示。

表 4-3　　　　　　　　　　　　降维后的数据

a	b
−0.6439752	−0.3545665
−1.0860922	0.0112055
−1.9219582	0.3788066
−0.1007258	1.0485100
2.2452371	0.6598132
−0.5809183	−2.6161072
1.3798189	−0.7219269
1.9640391	−0.1667869
−0.6831145	0.4702697
−0.5723108	1.2907824

计算矩阵特征值和特征向量的方法（EVD）由于计算量较大，并不适用于大规模数据的降维处理。另外还有一种方法，它利用了矩阵的奇异值分解（SVD），任何分解 $A=U\Sigma V^T$ 称为矩阵 A 的一个奇异值分解，其中 U 和 V 是正交矩阵，Σ 是一个形如 $\begin{bmatrix} D & 0 \\ 0 & 0 \end{bmatrix}$ 的矩阵 $\begin{bmatrix} \sigma_1 & \cdots & 0 \\ \vdots & & \vdots \\ 0 & \cdots & \sigma_r \end{bmatrix}$ 。$\sigma_1, \sigma_2, \cdots, \sigma_r$ 被称为奇异值，并且按照数值大小降序排列。我们可以选取前 k 个奇异值，忽略剩下的 $r-k$ 个奇异值，重新组成 D，这样就保留了原有数据的大部分特性，缩减后的 Σ 所对应的 V 就是投影矩阵。

【代码 4-1】PCA 降维的实现

```
package com.ai.deepsearch.index;
```

```java
import Jama.EigenvalueDecomposition;
import Jama.Matrix;
import Jama.SingularValueDecomposition;

/**
 * PCA 降维
 */
public class PCA {
    // 测试数据
    public double[][] testData = {{-1.0856306, 0.99734545, 0.2829785},
            {-1.50629471, -0.57860025, 1.65143654},
            {-2.42667924, -0.42891263, 1.26593626},
            {-0.8667404, -0.67888615, -0.09470897},
            {1.49138963, -0.638902, -0.44398196},
            {-0.43435128, 2.20593008, 2.18678609},
            {1.0040539, 0.3861864, 0.73736858},
            {1.49073203, -0.93583387, 1.17582904},
            {-1.25388067, -0.6377515, 0.9071052},
            {-1.4286807, -0.14006872, -0.8617549}};

    // 实现PCA的两种方法
    public enum PCAMethod {
        SVD, EVD
    }

    // 矩阵数据中心化
    private double[][] getCenteredData(double[][] data) {
        // 行数
        int m = data.length;
        // 列数
        int n = data[0].length;
        // 维度数据均值
        double[] avg = new double[n];
        // 数据中心化后的矩阵
        double[][] centeredData = new double[m][n];
        // 计算维度均值
        for (int i = 0; i < n; i++) {
            double sum = 0;
            for (int j = 0; j < m; j++) {
                sum += data[j][i];
            }
            avg[i] = sum / m;
        }
        // 减去均值
        for (int i = 0; i < n; i++) {
            for (int j = 0; j < m; j++) {
                centeredData[j][i] = data[j][i] - avg[i];
```

```java
                }
            }
            return centeredData;
        }

        // 计算协方差矩阵
        private Matrix getCovMatrix(double[][] centeredData) {
            // 行数
            int m = centeredData.length;
            // 列数
            int n = centeredData[0].length;
            // 协方差矩阵
            double[][] covData = new double[n][n];
            for (int i = 0; i < n; i++) {
                for (int j = 0; j < n; j++) {
                    double sum = 0;
                    for (int k = 0; k < m; k++) {
                        sum += centeredData[k][i] * centeredData[k][j];
                    }
                    covData[i][j] = sum / (m - 1);
                }
            }
            return new Matrix(covData);
        }

        // 线性代数方法求协方差矩阵  Cov=A'A/(n-1)
        private Matrix getCovMatrixByLA(double[][] centeredData) {
            Matrix centeredMatrix = new Matrix(centeredData);
            Matrix centeredMatrixT = centeredMatrix.transpose();
            Matrix covMatrix = centeredMatrixT.times(centeredMatrix).times(1.0 / (centeredData.length - 1));
            return covMatrix;
        }

        /*
         * 使用奇异值计算
         * pComponents 表示保留的主成分数。当 pComponents 为零时，采用百分比阈值的方式。
         * threshold 表示保留主成分的比例。当 threshold 为零时，采用数量阈值的方式。
         */
        private Matrix svdPCA(double[][] data, int pComponents, double threshold) {
            Matrix dataMatrix = new Matrix(getCenteredData(data));
            SingularValueDecomposition svd = dataMatrix.svd();
            // 计算奇异值 sigma
            double[] sigma = svd.getSingularValues();
            // lambda=sigma*sigma
            double[] lambda = new double[sigma.length];
            double sum = 0;
```

```java
        // 计算对角阵
        Matrix diagonalMatrix = svd.getS();
        // 对角阵行数和列数
        int rows = diagonalMatrix.getRowDimension();
        int cols = diagonalMatrix.getColumnDimension();
        Matrix subMatrix = null;
        if (pComponents == 0) {
            for (int i = 0; i < cols; i++) {
                lambda[i] = sigma[i] * sigma[i];
                sum += lambda[i];
            }
            int i = 0;
            double rate = lambda[0] / sum;
            while (rate <= threshold) {
                rate += lambda[++i] / sum;
            }
            subMatrix = svd.getV().getMatrix(0, rows - 1, 0, i);
        }
        if (threshold == 0) {
            subMatrix = svd.getV().getMatrix(0, rows - 1, 0, pComponents - 1);
        }

        return subMatrix;
    }

    /*
     * 使用特征向量计算
     * pComponents 表示保留的主成分数。当pComponents 为零时，采用百分比阈值的方式。
     * threshold 表示保留主成分的比例。当threshold 为零时，采用数量阈值的方式。
     */
    private Matrix evdPCA(double[][] data, int pComponents, double threshold) {
        double[][] centeredData = getCenteredData(data);
        // 协方差矩阵
        Matrix covMatrix = getCovMatrixByLA(centeredData);
        EigenvalueDecomposition evd = covMatrix.eig();
        // 特征值矩阵
        Matrix eigenvalueMatrix = evd.getD();
        // 特征值之和
        double sum = eigenvalueMatrix.trace();
        double rate = 0;
        int cols = eigenvalueMatrix.getColumnDimension();
        int rows = eigenvalueMatrix.getRowDimension();
        Matrix eigenVectorMatrix = evd.getV();
        Matrix subMatrix = null;
        if (pComponents == 0) {
            int i = cols;
            // 取阈值之内的特征值
```

4.1 图像特征降维

```java
        while (rate <= threshold) {
            i--;
            rate += eigenvalueMatrix.get(i, i) / sum;
        }
        int[] indices = new int[cols - i];
        for (int j = 0; j < cols - i; j++) {
            indices[j] = cols - 1 - j;
        }
        subMatrix = eigenVectorMatrix.getMatrix(0, rows - 1, indices);
    }
    if (threshold == 0) {
        subMatrix = eigenVectorMatrix.getMatrix(0, rows - 1, cols - 1, cols - pComponents);
    }

    return subMatrix;
}

public Matrix reduceDims(PCAMethod method, double[][] data, int pComponents, double threshold) {
    System.out.println("原始数据");
    new Matrix(data).print(9, 7);
    // 行数
    int rows = data.length;
    // 列数
    int cols = data[0].length;
    // 样本数小于维度数,不能处理
    if (rows < cols) {
        return null;
    }
    // 中心化数据
    Matrix dataMatrix = new Matrix(getCenteredData(testData));
    Matrix pcaMatrix;
    switch (method) {
        case SVD:
            pcaMatrix = svdPCA(data, pComponents, threshold);
        case EVD:
            pcaMatrix = evdPCA(data, pComponents, threshold);
        default:
            pcaMatrix = svdPCA(data, pComponents, threshold);
    }
    return dataMatrix.times(pcaMatrix);
}

public static void main(String args[]) {
    PCA pca = new PCA();
    // 特征值方法,百分比阈值
```

```
            Matrix evdReduceMatrix0 = pca.reduceDims(PCAMethod.EVD, pca.testData, 0, 0.80);
            System.out.println("降维后的数据");
            evdReduceMatrix0.print(9, 7);
            // 特征值方法，数值阈值
            Matrix evdReduceMatrix1 = pca.reduceDims(PCAMethod.EVD, pca.testData, 2, 0);
            System.out.println("降维后的数据");
            evdReduceMatrix1.print(9, 7);
            // 奇异值方法，百分比阈值
            Matrix svdReduceMatrix0 = pca.reduceDims(PCAMethod.SVD, pca.testData, 0, 0.80);
            System.out.println("降维后的数据");
            svdReduceMatrix0.print(9, 7);
            // 奇异值方法，数值阈值
            Matrix svdReduceMatrix1 = pca.reduceDims(PCAMethod.SVD, pca.testData, 2, 0);
            System.out.println("降维后的数据");
            svdReduceMatrix1.print(9, 7);
        }
    }
```

4.1.2 深度自动编码器降维

自动编码器（AutoEncoder）是一种可以对输入样本进行压缩并近似还原的神经网络。最简单的自动编码器可以表示为图 4-1 的样子，左边是输入层，右边是输出层，中间是一个全连接的隐藏层。可以看到，隐藏层的神经元个数明显比输入层要少，这样做实际上是对输入样本进行了压缩。而输出层的神经元个数与输入层保持一致，也就是将压缩后的样本进行了还原。由输入层到隐藏层的过程，称之为编码（Encoder）；由隐藏层到输出层的过程，称之为解码（Decoder）。编码过程能够明显地压缩样本数据的大小，从而实现了数据降维的作用。

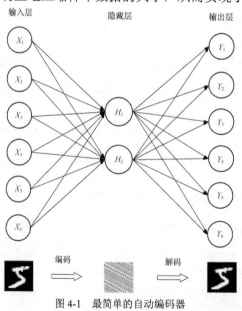

图 4-1 最简单的自动编码器

4.1 图像特征降维

自动编码器在经过某种数据的训练后,对这类数据会有很好的数据降维效果。对于其他未经训练的类别数据,自动编码器往往表现地不尽如人意。随着深度的增加,神经网络会表现出更好的性能。深度自动编码器(Deep AutoEncoder)是由 Geoff Hinton 提出的一种用于数据压缩、降维的深度神经网络。[1]如图 4-2 所示,它由两个对称的深信度网络(DBN)组成,一个负责编码,另一个负责解码。每个深信度网络又由 4~5 个浅层网络堆叠而成,每个浅层网络都是一个受限玻尔兹曼机(RBM),它是构成深信度网络的基本单元。受限玻尔兹曼机是一种只有两层的浅层神经网络,第一层是输入层,第二层是隐藏层,两层之间全连接。它之所以被称为受限的,是因为同一层的神经元间并不相连。

代码 4-2 是深度自动编码器的具体实现,编码部分将输入由 $width \times height$ 维逐步压缩为 1000→500→250→100→30 维大小,解码部分又将 30 维的压缩数据逐步还原为 100→250→500→1000→width×height 大小。当需要利用深度自动编码器对特征数据进行降维时,首先要将该数据类型的特征数据集输入 DeepAutoEncoderModel,并进行训练;待模型训练到理想的降维效果时,就可以使用 List<INDArray> model.feedForwardToLayer(int layerNum,INDArray input) 方法,来取出输入特征数据 input 的降维结果。

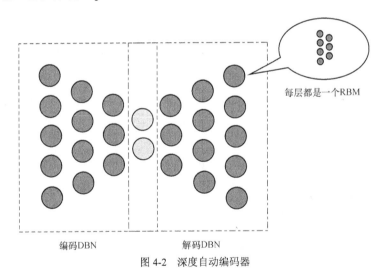

图 4-2 深度自动编码器

【代码 4-2】深度自动编码器

```
package com.ai.deepsearch.deeplearning.models;

import org.deeplearning4j.nn.api.OptimizationAlgorithm;
import org.deeplearning4j.nn.conf.MultiLayerConfiguration;
import org.deeplearning4j.nn.conf.NeuralNetConfiguration;
import org.deeplearning4j.nn.conf.layers.OutputLayer;
import org.deeplearning4j.nn.conf.layers.RBM;
```

---

[1] Hinton G E,Salakhutdinov R R. Reducing the dimensionality of data with neural networks[J].Science, 2006, 313(5786): 504-507.

```java
import org.deeplearning4j.nn.multilayer.MultiLayerNetwork;
import org.nd4j.linalg.activations.Activation;
import org.nd4j.linalg.lossfunctions.LossFunctions;

/**
 * 深度自动编码器模型
 */
public class DeepAutoEncoderModel {
    private int width;
    private int height;
    private int seed = 123;
    private int iterations = 1;

    public DeepAutoEncoderModel(int width, int height, int seed, int iterations) {
        this.width = width;
        this.height = height;
        this.seed = seed;
        this.iterations = iterations;
    }

    public MultiLayerNetwork initModel() {
        MultiLayerConfiguration conf = new NeuralNetConfiguration.Builder()
                .seed(seed)
                .iterations(iterations)
                .optimizationAlgo(OptimizationAlgorithm.LINE_GRADIENT_DESCENT)
                .list()
                // 编码部分  width*height->1000->500->250->100->30
                .layer(0, new RBM.Builder().nIn(width * height).nOut(1000).lossFunction(LossFunctions.LossFunction.KL_DIVERGENCE).build())
                .layer(1, new RBM.Builder().nIn(1000).nOut(500).lossFunction(LossFunctions.LossFunction.KL_DIVERGENCE).build())
                .layer(2, new RBM.Builder().nIn(500).nOut(250).lossFunction(LossFunctions.LossFunction.KL_DIVERGENCE).build())
                .layer(3, new RBM.Builder().nIn(250).nOut(100).lossFunction(LossFunctions.LossFunction.KL_DIVERGENCE).build())
                .layer(4, new RBM.Builder().nIn(100).nOut(30).lossFunction(LossFunctions.LossFunction.KL_DIVERGENCE).build())
                // 解码部分 30->100->250->500->1000->width*height
                .layer(5, new RBM.Builder().nIn(30).nOut(100).lossFunction(LossFunctions.LossFunction.KL_DIVERGENCE).build())
                .layer(6, new RBM.Builder().nIn(100).nOut(250).lossFunction(LossFunctions.LossFunction.KL_DIVERGENCE).build())
                .layer(7, new RBM.Builder().nIn(250).nOut(500).lossFunction(LossFunctions.LossFunction.KL_DIVERGENCE).build())
                .layer(8, new RBM.Builder().nIn(500).nOut(1000).lossFunction(LossFunctions.LossFunction.KL_DIVERGENCE).build())
```

```
                    .layer(9, new OutputLayer.Builder(LossFunctions.LossFunction.MSE).
activation(Activation.SIGMOID).nIn(1000).nOut(width * height).build())
                    .pretrain(true).backprop(true)
                    .build();

        // 根据配置构建网络模型
        MultiLayerNetwork deepAutoEncoderModel = new MultiLayerNetwork(conf);
        deepAutoEncoderModel.init();

        return deepAutoEncoderModel;
    }
}
```

4.2 图像特征标准化

为了使不同量纲的特征能够相互比较，我们通常需要将这些特征数据进行标准化。特征数据的标准化将数据等比例缩放到一定的数值区间，消除各种量纲的影响，便于图像特征的比较。常用的标准化方法有离差标准化和标准差标准化等方法。

4.2.1 离差标准化

离差标准化又被称为 Min-Max 标准化，它对数据进行线性变换，使变换后的结果处于[0,1]区间。变换公式如下，其中 max 为数据的最大值，min 为数据的最小值。

$$x' = \frac{x - min}{max - min} \tag{4-1}$$

【代码 4-3】离差标准化函数

```java
private void minmaxNormalize(double[] feature) {
    double min = Double.MAX_VALUE, max = Double.MIN_VALUE;
    for (int i = 0; i < feature.length; i++) {
        min = Math.min(feature[i], min);
        max = Math.max(feature[i], max);
    }
    for (int i = 0; i < feature.length; i++) {
        feature[i] = (feature[i] - min) / (max - min);
    }
}
```

4.2.2 标准差标准化

标准差标准化又被称为 Z-Score 标准化，经它处理的数据符合标准正态分布。变换公式如下，其中 μ 为均值，σ 为标准差。

$$x' = \frac{x - \mu}{\sigma} \tag{4-2}$$

【代码 4-4】标准差标准化函数

```
private void zscoreNormalize(double[] feature) {
    double sumOfSquares = 0;
    double sum = 0;
    for (double each : feature) {
        sumOfSquares += (each * each);
        sum += each;
    }
    double mean = sum / feature.length;
    if (sumOfSquares > 0) {
        sumOfSquares = Math.sqrt(sumOfSquares);
        for (int i = 0; i < feature.length; i++) {
            feature[i] = (feature[i] - mean) / sumOfSquares;
        }
    }
}
```

4.3 图像特征相似度的度量

目前我们已经能够提取图像的特征,并对高维的图像特征进行降维和标准化。面对相似的两个图像,要怎样才能在特征上度量它们的相似度呢?我们通常将图像特征表示为向量的形式,因此判断两幅图像特征的相似度就转化为向量空间中两点间距离的问题,接着通常会采用欧氏距离、曼哈顿距离、海明距离、余弦相似度、杰卡德相似度等指标来衡量向量间的相似度。

4.3.1 欧氏距离

欧氏距离全称为欧几里德距离,通常用于计算欧氏空间中两点间的距离。假设 $a(a_1, a_2, \cdots, a_n)$ 和 $b(b_1, b_2, \cdots, b_n)$ 是 n 维空间中的两点,它们之间的欧氏距离可以表示为:

$$Distance(\boldsymbol{a}, \boldsymbol{b}) = \sqrt{\sum_{i=1}^{n}(a_i - b_i)^2} \tag{4-3}$$

很明显,$n=2$ 时的欧氏距离也就是曾经在平面几何中所学的 $A(x_1, y_1)$、$B(x_2, y_2)$ 两点间的距离 $|AB| = \sqrt{(x_1 - x_2)^2 + (y_1 - y_2)^2}$。

【代码 4-5】欧氏距离

```
private double euclideanDistance(double[] a, double[] b) {
    assert (a.length == b.length);
    double sum = 0;
    for (int i = 0; i < a.length; i++) {
```

```
        sum += (a[i] - b[i]) * (a[i] - b[i]);
    }
    return Math.sqrt(sum);
}
```

4.3.2 曼哈顿距离

曼哈顿距离的名字来源于类似美国曼哈顿的区块城市街区间最短行车路径的计算方式。曼哈顿距离使用标准坐标系上的绝对轴距总和表示，它比欧氏距离的计算量少，性能更好。曼哈顿距离的计算公式为：

$$Distance(\pmb{a},\pmb{b})=\sum_{i=1}^{n}\left|a_i - b_i\right| \qquad (4\text{-}4)$$

【代码 4-6】曼哈顿距离

```
private double manhattanDistance(double[] a, double[] b) {
    assert (a.length == b.length);
    double sum = 0;
    for (int i = 0; i < a.length; i++) {
        sum += Math.abs(a[i] - b[i]);
    }
    return sum;
}
```

4.3.3 海明距离

海明距离因它的提出者 Richard Hamming 而得名，主要应用于信息论、编码论和密码学中。海明距离表示两个字符串（等长）在对应位置不同字符的个数。比如字符串 $\pmb{a}$ 为 111101，$\pmb{b}$ 为 101111，则它们的海明距离为 2。

【代码 4-7】海明距离

```
private double hammingDistance(double[] a, double[] b) {
    assert (a.length == b.length);
    int distance = 0;
    for (int i = 0; i < a.length; i++) {
        if (a[i] != b[i]) distance++;
    }
    return distance;
}
```

4.3.4 余弦相似度

余弦相似度又称为余弦距离，使用 n 维向量空间中的两个向量间的夹角的余弦值来表示向量间的相似性。根据二维空间中向量 $\pmb{a}$、$\pmb{b}$ 的点积公式 $\pmb{a}\cdot\pmb{b}=\|\pmb{a}\|\|\pmb{b}\|\cos\theta$，可推知 $\cos\theta=\dfrac{\pmb{a}\cdot\pmb{b}}{\|\pmb{a}\|\|\pmb{b}\|}$。

假设向量 **a** 和 **b** 的坐标分别为 (x_1,y_1)、(x_2,y_2)，那么 $\cos\theta = \dfrac{x_1x_2+y_1y_2}{\sqrt{x_1^2+y_1^2}\times\sqrt{x_2^2+y_2^2}}$。将之推广到 n 维空间，向量 $A(a_1,a_2,\ldots,a_n)$、$B(b_1,b_2,\ldots,b_n)$ 间夹角的余弦值为 $\cos\theta = \dfrac{\sum\limits_{i=1}^{n}(A_i\times B_i)}{\sqrt{\sum\limits_{i=1}^{n}A_i^2}\times\sqrt{\sum\limits_{i=1}^{n}B_i^2}}$。由于向量间夹角越小，其余弦值越大，向量间的相似度也就越大，故向量间夹角的余弦值和向量相似度成正比。

【代码 4-8】余弦相似度

```java
private double cosineSimilarity(double[] a, double[] b) {
    assert (a.length == b.length);
    double distance = 0;
    double sumOfSquare1 = 0;
    double sumOfSquare2 = 0;
    for (int i = 0; i < a.length; i++) {
        distance += a[i] * b[i];
        sumOfSquare1 += a[i] * a[i];
        sumOfSquare2 += b[i] * b[i];
    }
    return distance / (Math.sqrt(sumOfSquare1) * Math.sqrt(sumOfSquare2));
}
```

4.3.5 杰卡德相似度

杰卡德相似度由 Paul Jaccard 提出，它代表了两个集合的相似程度。集合 A 与集合 B 的杰卡德相似度可以定义为 A 与 B 的交集和其并集大小之间的比值，即：

$$JAC(A,B) = \frac{|A\cap B|}{|A\cup B|} \tag{4-5}$$

如图 4-3 所示，A 与 B 的交集中有 2 个元素，并集中有 9 个元素，那么它们的杰卡德相似度为 $JAC(A,B)=2/9$。可以想象一下：当 A 和 B 相互远离而不相交时，两个集合中相同数据的数量为 0，也就是 $JAC(A,B)=0$；当 A 和 B 相互靠近而完全重合时，两个集合中相同数据的数量是一样的，也就是 $JAC(A,B)=1$；所以 $JAC(A,B)\in[0,1]$。

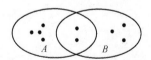

图 4-3 集合 A 与 B 的杰卡德相似度

【代码 4-9】杰卡德相似度

```java
private double jaccardSimilarity(double[] a, double[] b) {
```

```java
    assert (a.length == b.length);
    // A 和 B 的交集元素个数
    int intersection = 0;
    Set<Double> A = new HashSet<>();
    Set<Double> B = new HashSet<>();
    // A 和 B 的并集
    Set<Double> union = new HashSet<>();
    for (double each : a) {
        A.add(each);
    }
    for (double each : b) {
        if (A.contains(each)) {
            intersection++;
        }
        B.add(each);
    }
    union.addAll(A);
    union.addAll(B);

    return (double) intersection / union.size();
}
```

4.4 图像特征索引与检索

在掌握了图像特征相似度的度量方法后,我们距离最终实现一个图像搜索引擎的目标更近了一步。图像搜索引擎将查询图像与图像库中的图像进行特征相似度比较后,最终返回若干幅相似图像的过程其实是一个 KNN(K 最近邻)查找问题。

4.4.1 从最近邻(NN)到 K 最近邻(KNN)

假设现在有一个已经分类的图像库,如何来判断一幅未知类别的图像属于图像库中的哪一类呢?一个最容易想到、最直接的办法就是将这幅图像与图像库中图像进行特征对比,计算相似度,相似度最大的那幅图像的类别就是该幅图像的类别。这就是最近邻(Nearest Neighbor)的思想,简单而纯粹,但是它也存在一定的问题。下面来观察图 4-4 中的内容,这个未知图形究竟属于哪一类,是三角形还是正方形呢?按照最近邻的思想,它应该属于正方形,但它不远处还有更多的三角形,这怎么解释呢?其实单纯依靠最近邻去判断类别会存在很大程度上的误判,在实际应用中往往会取得差强人意的结果,因此我们还需要结合周围的情况来分析。K 最近邻(K Nearest Neighbor)结合未知样本周围 K 个最近邻的情况去判断它的类别,这样进一步提高了类别判断的准确性。

KNN 同样采用将未知数据与数据集中已标注的数据进行对比的策略,找到数据集中前 K 个最为相似的数据,并统计 K 个数据所属的类别,出现次数最多的类别就是未知数据的类别。

在图 4-4 中，当 $K=1$ 时，很明显，未知数据属于正方形，这时实际上采用的是最近邻（NN）算法；当 $K=3$ 时，三角形的个数是 2，正方形的个数是 1，未知数据属于三角形；当 $K=9$ 时，三角形的个数是 5，未知数据是三角形。

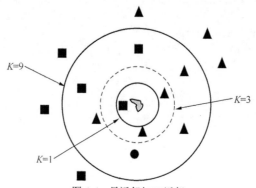

图 4-4 最近邻与 K 近邻

同样，由于人们对相似图像的理解并不一样，为了保持良好的用户体验，通常图像搜索引擎不只返回一幅"最像"的图像，而是返回若干幅相似图像，并按一定的相似度排序。

4.4.2 索引构建与检索

线性对比是 KNN 最简单的实现方式，当数据规模较小时，它简单而有效。但当面对海量数据时，这种实现方式却因效率太低而无法使用。为了解决这一问题，研究人员提出了许多可行的方法。在这些方法中，有的利用了特殊的数据结构，有的利用了数据本身所呈现的簇状集聚特性，有的利用了特殊的映射算法。其实所有这些方法背后的策略都是首先对数据空间进行划分，分成许多相似数据聚集的小空间，检索时能够使用某种方法直接定位到该空间，然后在小空间中做相似度的比较，减少比较次数，缩短检索时间，极大地提高了检索效率。

在实际工程实践中，能够实现这一策略的成熟方案又分为基于树结构的方法、基于矢量量化的方法和局部敏感散列方法这 3 类，下面对它们逐一进行介绍。

1. 基于树结构的索引构建与检索

基于树结构方法的思想是将每个数据视为树的一个结点，将这些结点构建为一棵二叉查找树，利用二叉查找树折半查找的优势来减少查询时间。

K-d tree 是一种典型的基于树结构的方法，由斯坦福大学的 Jon Louis Bentley 在 1975 年提出。[1]K-d tree 中的 d 是 dimension 的缩写，K 代表维度数，也就是说 K-d tree 是一种将若干个数据点划分到 K 维空间的树形数据结构。为了让读者更直观地来了解，下面看一个维基百科上的例子。如图 4-5 所示，二维空间中有（2，3）、（5，4）、（9，6）、（4，7）、（8，1）、（7，2）

---

[1] Bentley JL.Multidimensional binary search trees used for associative searching[M].ACM,1975.

这 6 个点，我们如何对它们进行空间划分，进而构建一棵 K-d tree 呢？

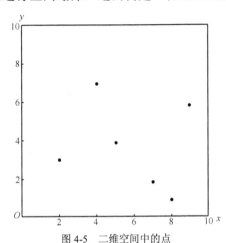

图 4-5　二维空间中的点

首先要确定在哪个维度上对空间进行划分，为了优先选择区分度大的维度，需要比较各维度的方差。经计算，x 维度的方差明显大于 y 维度，那么将数据按照 x 维的大小升序排列并取中间值 7，使用 x=7 对二维空间进行切分，并将点（7，2）作为根结点，切分点（7，2）前面的点作为左子树，后面的点作为右子树，从而形成一个平衡的 K-d tree。接下来我们继续按照相同的方法对左右子空间进行划分。经计算，y 维度的方差大于 x 维度的方差，我们将数据按照 y 维升序排列取中间值 4，使用 y=4 对左子空间继续切分，并将点（5，4）作为左子树的根结点。同理，使用 y=6 对右子空间切分，并将点（9，6）作为右子树的根结点。K-d tree 的划分维度按照树的层次循环选择，剩余的空间会按照 x 维继续划分，最终形成图 4-6 所示的结果。

由上面的例子，可以归纳出构建 K-d tree 索引树的算法。

第一步：在一个 K 维的数据集合中选择方差最大的维度 K_i，在该维度上对数据进行降序排列并取它的中间值 mid，在 K_i=mid 处使用垂直于 K_i 的超平面，将数据集对应的多维空间划分为左右两个子空间（K_i 维数据小于 mid 的划为左子空间，大于 mid 的划为右子空间），同时创建根结点 node 用于存储 mid 对应的数据值。

第二步：对划分出的两个子空间重复第一步的过程，直至所有子空间不能再划分为止，并将该子空间中的剩余数据保存到创建的叶子结点。

构建 K-d tree 索引树的过程就是使用树结构将数据进行索引的过程。那么下一步，该如何在刚才构建的 K-d tree 上进行数据检索呢？比如要查询点（2.3，3.2）在该树中的最近邻点（如图 4-7 所示）：点（2.3，3.2）在 x 维上明显小于点（7，2），进入左子树，按逐层进行空间划分的维度进行二叉查找，最终到达点（2，3），将该点优先考虑为最近邻点。计算点（2.3，3.2）与点（2，3）的距离为 0.3606，以点（2.3，3.2）为圆心，0.3606 为半径画圆，该圆明显不与 y=4 的超平面相交，故不用考虑点（5，4）的右子树，更不用考虑点（7，2）的右子树，这样点（2，3）就是最终确定的最近邻点。以上例子只比较了 2 个点就找到了最近邻点，充分说明了树形结构折半查找的优势。

第 4 章 图像特征索引与检索

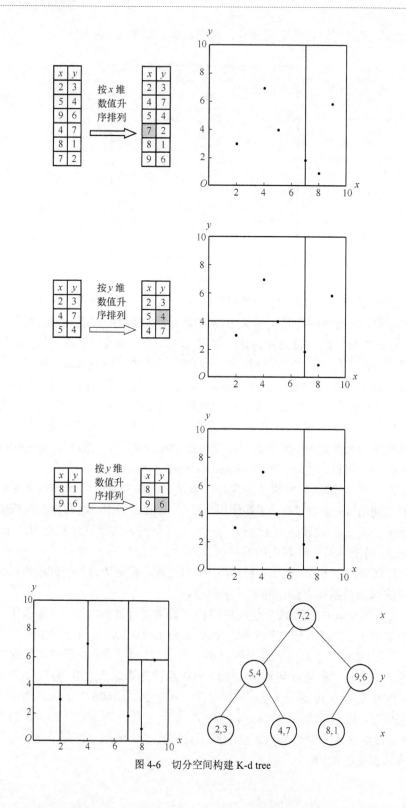

图 4-6 切分空间构建 K-d tree

K-d tree 最近邻查询算法可以总结如下。首先，从根结点开始递归地向下比较查询数据 Q 和当前结点 C 在空间切分维度 d 的大小。若 $Q_d < C_d$，则继续比较左子树，否则比较右子树。直到结点 C 为叶结点为止，并将 C 作为最近邻并记为 N。然后沿比较路径递归地返回，并对回退的当前结点 C 进行如下操作：如果 Q 的数据与当前结点 C 的数据间的距离 D_{QC} 小于 Q 与 N 数据的距离 D_{QN}，那么将当前结点 C 记为最近邻 N；如果当前结点 C 的兄弟结点 B 对应的空间与以 Q 为球心，以 Q 与当前最近邻 N 的距离 D_{QN} 为半径的超球体相交，那么在这一空间有可能会存在距离 Q 更近的点，这时将当前结点移动到该节点 B 继续递归地进行最近邻查询。如果不相交，则继续向上回退。若当前结点退到根结点时，查询过程结束，最后的最近邻点 N 就是最近邻点。

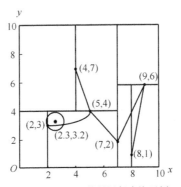

图 4-7　K-d tree 的最近邻查询示例

虽然以 K-d tree 为代表的树形结构能够提高数据查询的效率，但许多对它性能基准测试的结果表明当数据的维度大于 10 时，K-d tree 的查询效率会急剧下降，当数据的维度进一步增加时，甚至它的效率还不如线性对比。为此不少研究者提出了许多不同的解决方法，有的方法进一步优化了树的局部结构减少对比的次数，比如球树；有的方法在优化算法的基础上采用阈值策略进一步限制了对比次数，以牺牲查询精度为代价得到近似最近邻（ANN），比如 1997 年 David Lowe 提出的 BBF（Best Bin First）查询算法。[1]这些改进的结构和算法虽然在一定程度上缓解了"维度灾难"所带来的挑战，实现进一步提高高效查询的数据维度，但是由于树形结构本身所固有的特性，在面对成百上千的数据维度时，这些方法依然收效甚微。

2. 基于矢量量化方法的索引构建与检索

在第 2 章介绍数字图像时曾说明了量化的方法，比如将图像量化为 8 位色彩就是用 256 个色彩值来表示连续的像素值，也就是将连续的像素值平均分为 256 个区域，每个区域用一个色彩值表示，然后根据像素值与每个区域的距离使用对应的色彩值来表示。矢量又称为向量，

---

[1] Beis J S, Lowe D G. Shape Indexing Using Approximate Nearest-Neighbour Search in High-Dimensional Spaces[C]// Conference on Computer Vision and Pattern Recognition, Puerto Rico. 1997:1000-1006.

矢量量化（Vector Quantization）就是将向量空间中的点用一个有限向量子集 Y 来表示，并保证失真最小的过程。这里的 Y 称为码书，码书中的元素称为码字，矢量量化又可以视为将向量用码字重新编码的过程。

矢量量化的研究源于 20 世纪 80 年代，它主要应用于数字通信系统的信源编码。由于它具有良好的压缩编码特性，人们开始将其用于图像检索领域。矢量量化技术应用于图像检索领域最为经典的例子是视觉词袋模型（Bags of Visual Word，BOVW）。如图 4-8 所示，视觉词袋模型首先提取图像库中所有图像的特征，然后利用某种聚类算法（一般使用 K-means）将全部图像特征聚类，并使用聚类中心构建码书；接着根据每幅图像特征所对应的聚类中心，将所有图像特征用码字重新进行编码（采用聚类中心频次直方图所对应的向量来表示），构建索引。当进行相似图像检索时，可以使用第 1 章中提到的文本搜索引擎所采用的方式来处理。首先将查询图像特征依照相同的方法进行编码，然后搜索索引，获得与查询特征编码具有相同码字的候选集，最后在候选集中比较相似度。这也贯彻了先定位到子空间、再进行比较的思想，进而大幅缩减了检索时间。

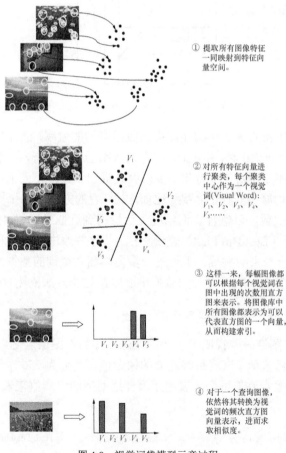

图 4-8　视觉词袋模型示意过程

当面对大规模高维数据时，数据量巨大会造成聚类后簇内方差过大，往往没有明显的簇中心，从而导致矢量量化的方法存在时空效率较低的缺点。为了解决这一问题，法国 INRIA 实验室在矢量量化的基础上提出了乘积量化（Product Quantization）的方法。乘积量化首先将 D 维向量空间平均分为 M 个子空间，然后对每个子空间进行聚类形成 M 套码书，并使用相应码书的码字对各子空间内的数据进行编码。最终量化的结果使用对各子空间量化结果的笛卡尔乘积来表示，这也是称为"乘积量化"的原因所在。

举个简单的例子，假设现在有 60000 幅图像，每幅图像都使用某种相同的方式提取特征，形成 60000 个具有 1024 维度的特征向量，如图 4-9 左上部分所示。首先将每个特征向量平均分为 8 份，也就是每份 128 维，如图 4-9 右上部分所示。然后对每一等分进行 K-means 聚类，也就是每一等分都产生了 k 个聚类中心。这样就得到 8 套码书，每套码书均由 k 个码字构成。接下来，将计算 8 个等分，每个等分内的 60000 个子向量与相应码书的码字间的距离，使用距离最近的码字来量化编码。比如假设 $k=256$，那么每套码书都有 256 个码字。每幅图像的特征向量都可以量化编码为类似 "$Code(28,56,32,88,252,36,77,129)$" 的形式（十进制表示），由此我们可以构建相应的索引。

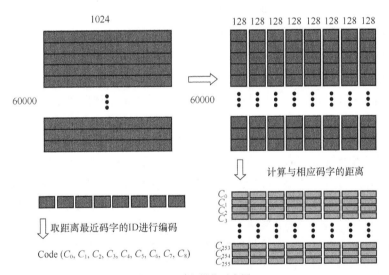

图 4-9 乘积量化示意图

当进行相似性检索时，仍然需要将提取的查询向量平均分为 8 份，然后计算每个子向量与索引中对应子空间内所有聚类中心的距离。在计算距离时有两种方式：一种是对称距离计算（SDC），另一种是非对称距离计算（ADC）。如图 4-10 所示，SDC 在计算 x 和 y 的距离时，实际上计算的是它们所对应码字 C_x 和 C_y 的距离，而在 ADC 中 x 和 y 的距离计算的是 x 和 y 所对应码字 C_y 间的距离。也就是说，SDC 计算需要将子向量进一步量化为码字，SDC 实际上是计算码字间的距离；ADC 并不需要对子向量进行量化，计算的是查询向量和对应索引中码字的距离。ADC 比 SDC 的计算代价更大，但更精确，我们一般采用 ADC 方式计算距离。无论使用的是 ADC 还是 SDC，最终都需要将各部分得到的距离求和，然后进行排序，进而得到最为相似的若干图像。在计算距离的过程中，我们虽然还是使用的线性对比方法，但比较的对象是聚类算法生成的码字，而非所有图像特征向量。比较次数只与聚类中心的数量 k 相关，这样就极大地降低了比较次数和查询时间。

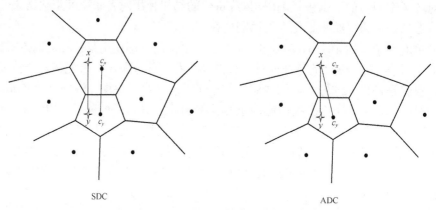

图 4-10　两种不同的距离计算方式

随着数据规模的变大，k 的取值无疑也会进一步增大。虽然我们可以采用提前计算码字间距离或查询向量与码字间距离的方式生成查找表，但是随着 k 值的增大，查询时间也会显著延长。为此，INRIA 实验室的 Herve Jegou 将倒排索引结构引入乘积量化中来，形成 Inverted File Product Quantization（IVFPQ）。[1]如图 4-11 所示，Herve Jegou 首先对特征向量 Y 进行 K-means 聚类，得到 k 个粗量化（coarse quantizer）的聚类中心，每个聚类中心对应一个倒排列表（inverted list）。接下来计算输入 $y \in Y$ 与其相应聚类中心的残差 $r(y)=y-q_c(y)$，将残差 $r(y)$ 分成 m 等份，并行进行乘积量化生成量化编码，并组合成一个 m 维的 $code$，将 Y 中所有特征向量 y 的 id 和 $r(y)$ 的乘积量化编码 $code$ 插入倒排列表。当进行相似性检索时，首先依据查询向量与粗量化码字的距离直接确定相似的对象最可能出现在某个或某几个倒排列表中。然后对查询向量 x 进行粗量化 $q_c(x)$，计算 x 的残差 $r(x)$ 并将其分为 m 等份，计算各部分 $r_i(x)$ 与可能存在最近邻的倒排列表中 $code_i$ 的距离并求和，利用堆排序取得距离和最小的若干个结果。IVFPQ 克服了 PQ 必须在大范围内进行线性对比的弱点，充分贯彻了先定位在相应子空间，然后进行线性对比的策略，大幅提高了效率。

3. 基于局部敏感散列方法的索引构建与检索

散列（hash）函数是一种形如 $y=h(x)$ 的映射关系，它能够将任意长度的字符映射为固定长度的字符。通常在一般的线性表、树形结构中，记录位置和它们的关键字间并不存在直接的关

---

[1] Jegou H, Douze M, Schmid C. Product Quantization for Nearest Neighbor Search[J]. IEEE Transactions on Pattern Anlysis & Machine lntelllgence, 2011, 33(1);117.

系，而是随机存放的，然而散列函数可以在关键字和记录位置之间建立起相应的映射关系。这样我们就可以根据关键字直接计算出记录所在的位置，在理想情况下，记录的查找时间为 $O(1)$。散列函数的这一优点对于解决最近邻检索问题提供了一个极佳的思路，但是这些普通的散列函数并不能保证相似的邻近数据在经过散列变换后也是邻近的。如果我们能够找到这样一类散列函数，它能让原本相似的数据在经过散列变换后也是大概率地映射到同一个"桶"（bucket）内，让原本不相似的数据被映射到不同的"桶"内，那么查找最近邻的问题也就变得容易多了。我们只需将查询向量进行散列变换得到相应的"桶"号，然后在这一"桶"内进行线性对比就可以了。局部敏感散列函数恰恰就是这样一类散列函数，这类散列函数必须满足以下两个条件（如图 4-12 所示）。

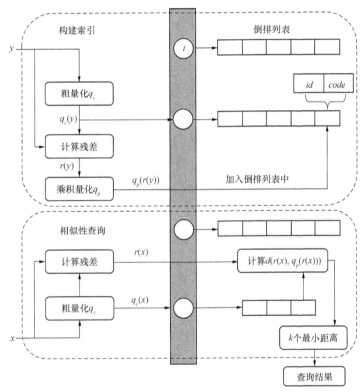

图 4-11 倒排索引乘积量化

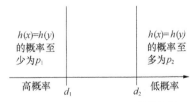

图 4-12 局部敏感散列函数的条件

（1）如果 $dist=(x, y) \leq d_1$，则 $h(x)=h(y)$ 的概率至少为 p_1。

（2）如果 $dist=(x, y) \geq d_2$，则 $h(x)=h(y)$ 的概率至多为 p_2。

其中，$dist=(x, y)$ 表示 x 与 y 之间在某种度量方式下的距离，且 $d_1<d_2$，$p_1>p_2$，$h(x)$ 和 $h(y)$ 分别表示对 x 和 y 做散列变换。满足以上条件的散列函数族称为 (d_1, d_2, p_1, p_2) 敏感的，通过一个或多个 (d_1, d_2, p_1, p_2) 敏感的散列函数对数据集进行散列变换生成一个或多个散列表的过程称为局部敏感散列函数（Locality Sensitive Hashing）。

局部敏感散列函数只是以一定的概率在相应的距离度量方式下是局部敏感的，脱离了具体的距离度量方式，它只是一种普通的散列函数。

在杰卡德相似度下最具代表性的局部敏感散列函数是 MinHash。MinHash 由 Andrei Broder 在 1997 年为了解决重复网页检测和大规模聚类问题而提出。[1] MinHash 将求取两个集合间杰卡德相似度的问题转化为两个最小散列函数值相等的概率问题。经简单推导可知，两个集合 A 和 B 的元素经若干次的行随机排列转换后，取得的最小散列值 $h_{min}(A)$、$h_{min}(B)$ 相等的概率与 A 和 B 的杰卡德相似度等同。也就是说，可以通过计算 $h_{min}(A)$ 等于 $h_{min}(B)$ 的概率来获取 A 与 B 的相似度。在实际应用中，由于对大规模数据的随机排列转换会消耗巨大的时间和计算资源，所以这样做是不现实的。研究人员找到一种使用若干散列函数来模拟行随机排列转换的方法，比如对于行数为 rows 的特征矩阵，形如 $h(r)=(r+1)$ mod $rows$ 的散列函数就可以根据当前行号 r 计算出行排列转换后的行号 $h(r)$。利用若干这样的散列函数进行行号的再次映射，必然能实现特征矩阵的随机行排列转换。将特征矩阵的行号进行上述散列变换后依然取最小行号，进而生成最小散列签名矩阵，在该矩阵中统计集合 A 和 B 对应项相等的概率。由于杰卡德相似度 $JAC(x, y)=1-dist(x, y)$，如果 $dist(x, y) \leq d_1$，那么 $JAC(x, y) \geq 1-d_1$，而 x 与 y 的杰卡德相似度 $JAC(x, y)$ 又等于最小散列函数对 x、y 映射后结果相等的概率，所以 MinHash 函数族是 $(d_1, d_2, 1-d_1, 1-d_2)$ 敏感的。

在海明距离下最具代表性的局部敏感散列函数是随机位采样（Random bits sampling）$h(y)=y_k$，其中 $k \in \{1, 2, \cdots, d\}$，$y$ 是一个每一维的取值为 0 或 1 的二进制向量。随机位采样的基本思想是随机选择 d 维特征向量的某一维，这样一来，两个集合 A 和 B 经随机位采样后相等的概率便等于 A 和 B 的相似度。随机位采样散列函数族是 $(d_1, d_2, 1-d_1/d, 1-d_2/d)$ 敏感的。

在余弦距离下最具代表性的局部敏感散列函数是随机投影（Random projection）。随机投影将向量 x 和一个由法向量 r 定义的随机超平面做点积，将点积的符号作为散列函数的输出，即 $h(x)=\text{sgn}(x \cdot r)=\text{sgn}(r^T x)=\pm 1$。随机超平面将空间分为两部分，而 $h(x)$ 的取值取决于向量 x 在随机超平面的哪一边。通常将法向量 r 所在的空间称为正空间，将另一半称为负空间。我们可以根据向量与法向量间的夹角来判断该向量所在的空间，与法向量的夹角是锐角的向量在超平面的正空间，与法向量的夹角是钝角的向量在超平面的负空间。如图 4-13 所示，法向量 r_1 和 r_2 分别定义了一个超平面，图中分别用不同样式的虚线来表示。向量 x 和 y 分别在 r_1 定义的超平面的两边，$h(x)$ 与 $h(y)$ 的符号各异；然而向量 x 和 y 在 r_2 定义的超平面的同一边，

---

[1] Broder A. On the resemblance and containment of documents[C]// sequences. IEEE Computer Society, 1997:21.

$h(x)$ 与 $h(y)$ 的符号相同。由于法向量 r 是随机的，我们可以进一步确定两个向量 x、y 被分在超平面同一边的概率，也就是 $h(x)=h(y)$ 的概率是 $1-\dfrac{\theta}{\pi}$，所以该敏感散列函数是 $(d_1, d_2, 1-d_1/180, 1-d_2/180)$ 的。

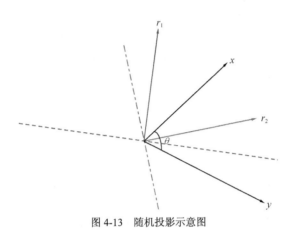

图 4-13 随机投影示意图

在欧氏距离下，最具代表性的局部敏感散列函数也是利用随机投影原理构建的。它形如 $h(x)=\left|\dfrac{x \cdot r + b}{w}\right|$，其中 r 是一个随机向量，w 是桶宽，b 是一个在 $[0, a]$ 之间均匀分布的随机变量，而 $x \cdot r$ 可以看作将向量 x 向 r 上做投影的操作。也就是将原始数据空间中的数据 x 投影到一条由被均分为宽度为 w 的若干线段组成的随机直线上，宽度为 w 的线段可以看作一系列的"散列桶"，如图 4-14 所示。在原空间欧式距离相近的数据会具有极高的可能性被投影到同一"桶"中，而这一可能性取决于两个数据点（x 和 y）间形成的连线（长度为 d）与随机直线形成的夹角 θ。例如当 $\theta=90°$ 时，这一连线与随机直线垂直，x 和 y 必定落入同一"桶"中。假设 $d \leqslant a/2$，那么至少有 50% 的概率被投影到同一桶中；当 $d \geqslant 2a$ 时，若要点被投影到同一桶中，$\cos\theta$ 最多为 $1/2$，那么 θ 必须在 $60° \sim 90°$，很容易得出其发生的概率为 $1/3$。由此可以得出该敏感散列函数是 $(a/2, 2a, 1/2, 1/3)$ 敏感的。

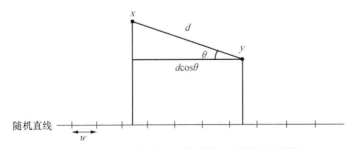

图 4-14 欧式距离下的局部敏感散列函数原理示意图

通过使用以上介绍的局部敏感散列函数，我们现在已经能够大概率将原本相邻的数据映射到同一个桶中，将不相邻的数据映射到不同的桶中。但这只是大概率而非必然，所以就会存在将原本相邻的数据映射到不同桶中，将原本不相邻的数据映射到同一桶中的情况。为了提高正确映射的概率，我们可以通过以下两种策略来进一步优化局部敏感散列的效果：在一个散列表中使用更多的局部敏感散列函数；使用更多的散列表。

这两种策略又派生出如下具体的方法。

（1）建立多个独立的散列表，每个散列表又由 k 个局部敏感散列函数生成。

（2）"与"操作使用 k 个局部敏感散列函数，且只有当两个数据 x 和 y 的这 k 个局部敏感散列函数的散列值都相等的条件下，才会将数据 x 和 y 映射到同一桶中。

（3）"或"操作同样适用 k 个局部敏感散列函数，而当两个数据 x、y 的这 k 个局部敏感散列函数的散列值至少有一对相同时，数据 x、y 就会被映射到同一桶中。

（4）"与"和"或"操作级联使用。

基于局部敏感散列进行数据索引和检索的方法同样采用离线构建索引——在线检索的方式进行。首先选取某个相似度或某种距离度量方式下满足(d_1, d_2, p_1, p_2)敏感的局部敏感散列函数族；然后根据对检索结果准确率的要求，确定散列表的个数 L 以及每个散列表中局部敏感散列函数的数量 K；最后将所有数据使用 K 个局部敏感散列函数映射到对应的桶中，进而形成 L 个散列表对数据进行离线存储。在进行数据检索时，利用局部敏感散列函数的映射值获取相应的桶，并计算查询数据与桶内数据之间的相似度或距离，根据相似度或距离的排序返回若干查询数据的近似最近邻。

下面将通过一个随机投影局部敏感散列函数的具体实现来进一步理解局部敏感散列函数，以及基于 LSH 的数据索引构建与检索。

【代码 4-10】随机投影 LSH

```java
package com.ai.deepsearch.index;

import java.util.*;

/**
 * LSH 索引与检索
 */
public class LSH {
    // 求点积
    private double dotProduct(double[] v1, double[] v2) {
        int dimension = v1.length;
        double product = 0;
        for (int i = 0; i < dimension; i++) {
            product += v1[i] * v2[i];
        }
        return product;
    }

    // 随机投影方式生成散列
```

4.4 图像特征索引与检索

```java
private int generateHash(double[] vector) {
    int dimension = vector.length;
    Random random = new Random();

    // 生成随机超平面
    double[] randHyperPlane = new double[dimension];

    for (int i = 0; i < dimension; i++) {
        randHyperPlane[i] = random.nextGaussian();
    }

    return dotProduct(vector, randHyperPlane) > 0 ? 1 : 0;
}

// 合并多个散列值,提高效率
private int combineHashes(int hashSize, double[] vector) {
    int[] hashes = new int[hashSize];

    for (int i = 0; i < hashSize; i++) {
        hashes[i] = generateHash(vector);
    }

    int combine = 0;
    int power = 1;
    for (int i = 0; i < hashes.length; i++) {
        combine += hashes[i] == 0 ? 0 : power;
        power *= 2;
    }

    return combine;
}

// 散列桶类
private class Bucket {
    private ArrayList<double[]> data;

    public Bucket() {
        this.data = new ArrayList<double[]>();
    }

    public void add(double[] vector) {
        data.add(vector);
    }

    public ArrayList<double[]> getData() {
        return this.data;
    }
```

```java
    }

    // 散列表类
    private class HashTable {
        private HashMap<Integer, Bucket> buckets;

        private int hashSize = 0;

        public HashTable(int hashSize) {
            this.buckets = new HashMap<Integer, Bucket>();
            this.hashSize = hashSize;
        }

        public void add(double[] vector) {
            int key = combineHashes(hashSize, vector);
            if (buckets.containsKey(key)) {
                buckets.get(key).add(vector);
            } else {
                Bucket bucket = new Bucket();
                bucket.add(vector);
                buckets.put(key, bucket);
            }
        }

        public Bucket query(double[] qVector) {
            int key = combineHashes(hashSize, qVector);
            if (buckets.containsKey(key)) {
                return buckets.get(key);
            } else {
                return null;
            }
        }

        public HashMap<Integer, Bucket> getBuckets() {
            return buckets;
        }
    }

    // 散列表个数 L
    private int tablesSize = 0;
    // 每个散列表中散列函数的个数 K
    private int hashSize = 0;

    private ArrayList<HashTable> tables;

    public LSH(int tableSize, int hashSize) {
        this.tablesSize = tableSize;
```

```java
        this.hashSize = hashSize;

        this.tables = new ArrayList<HashTable>();
        for (int i = 0; i < tablesSize; i++) {
            HashTable table = new HashTable(hashSize);
            tables.add(table);
        }
    }

    public int getNumOfTables() {
        return this.tablesSize;
    }

    public int getNumOfHashes() {
        return this.hashSize;
    }

    public ArrayList<HashTable> getHashTables() {
        return this.tables;
    }

    // 构建索引
    public void index(double[] vector) {
        for (HashTable table : tables) {
            table.add(vector);
        }
    }

    // 余弦距离
    public double cosineDistance(double[] v1, double[] v2) {
        double distance = 0;
        distance = 1 - dotProduct(v1, v2) / Math.sqrt(dotProduct(v1, v1) * dotProduct(v2, v2));
        return distance;
    }

    // 查询近似最近邻
    public List<double[]> queryNeighbours(final double[] qVector, int count) {
        Set<double[]> neighbourSet = new HashSet<double[]>();
        for (HashTable table : tables) {
            Bucket bucket = table.query(qVector);
            if (bucket == null) {
                return null;
            } else {
                List<double[]> data = bucket.getData();
                neighbourSet.addAll(data);
            }
```

```java
        }

        List<double[]> neighbours = new ArrayList<double[]>(neighbourSet);
        Collections.sort(neighbours, new Comparator<double[]>() {
            @Override
            public int compare(double[] v1, double[] v2) {
                Double v1Dis = cosineDistance(qVector, v1);
                Double v2Dis = cosineDistance(qVector, v2);
                return v1Dis.compareTo(v2Dis);
            }
        });

        if (neighbours.size() > count) {
            neighbours.subList(0, count);
        }

        return neighbours;
    }

    public static void main(String args[]) {

        double[][] indexData = {{1}, {3}, {4}, {7}, {8}, {9}, {11}};
        double[] queryData = {2};

        LSH lsh = new LSH(1, 4);

        // 索引阶段
        System.out.println("#############\n        索引开始\n#############");
        for (int i = 0; i < indexData.length; i++) {
            lsh.index(indexData[i]);
        }

        ArrayList<HashTable> tables = lsh.getHashTables();
        System.out.println("散列表数:" + tables.size());

        for (int i = 0; i < tables.size(); i++) {
            HashTable table = tables.get(i);
            HashMap<Integer, Bucket> buckets = table.getBuckets();
            for (Integer key : buckets.keySet()) {
                Bucket bucket = buckets.get(key);
                ArrayList<double[]> data = bucket.getData();
                System.out.print("桶号 " + key + ":");
                for (int j = 0; j < data.size(); j++) {
                    double[] elemData = data.get(j);
                    for (int k = 0; k < elemData.length; k++) {
                        System.out.print(elemData[k]);
                        if (k != elemData.length - 1) System.out.print(",");
```

```java
            }
            if (j != data.size() - 1) System.out.print("-->");
        }
        System.out.println();
    }
}

// 检索阶段
System.out.println("#############\n          检索开始\n#############");
List<double[]> result = lsh.queryNeighbours(queryData, 1);
if (result == null) {
    System.out.print("未找到近似最近邻!");
} else {
    System.out.print("检索结果:");
    for (int i = 0; i < result.size(); i++) {
        double[] ann = result.get(i);
        for (int j = 0; j < ann.length; j++) {
            System.out.print(ann[j]);
            if (j != ann.length - 1) System.out.print(",");
        }
        if (i != result.size() - 1) System.out.print("-->");
    }
}
    }
}
```

4.5 本章小结

利用提取到的图像特征高效地构建索引以加快检索进程，从而实现可实际应用的图像搜索引擎，还需要解决哪些技术问题呢？本章从图像特征降维处理讲起，介绍了图像特征标准化以及图像特征相似度的度量方法，分析了基于树结构、矢量量化、局部敏感散列的三类索引构建与检索方法，并通过具体实现一个随机投影局部敏感散列函数的程序，使读者更深刻地理解局部敏感散列函数的理论和方法。

第5章 构建一个基于深度学习的 Web 图像搜索引擎

在第 2~4 章，我们分别介绍了图像特征提取的传统方法以及基于深度学习的方法、图像特征的索引和检索方法，由此便掌握了构建一个图像搜索引擎的基本理论和方法。本章，将讲解如何从零开始逐步构建一个基于深度学习的 Web 图像搜索引擎。

5.1 架构分析与技术路线

5.1.1 架构分析

一个 Web 系统必然会有前后端之分，图像搜索引擎也不例外。首先我们需要一组能够接收用户提交图像信息，并及时将查询结果反馈给用户的前端页面，另外还需要一个能够提取图像特征，并与特征索引库进行比较返回比较结果的后端系统，然后通过某种 Web 框架将前后端连接起来，如图 5-1 所示。此外我们还需要一个能够对图像库内逐个图像进行特征提取并形成图像特征索引库的工具。

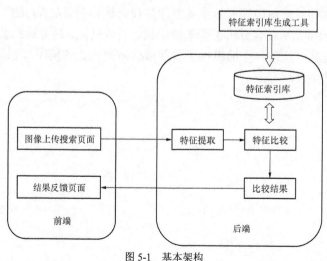

图 5-1 基本架构

5.1.2 技术路线

由于本书中的程序均采用 Java 语言实现，为了保持一致的风格与读者体验，本章将继续沿用此语言。前端采用经典的 HTML+CSS+JQuery 方式实现，后端图像特征提取部分将基于 DeepLearning4J 实现。由于 Java Web 领域存在大量配置繁杂的各种框架，如果使用它们会本末倒置，严重干扰本章的主题。为了使读者能够更清晰地了解构建一个基于 Web 的图像搜索引擎的基本原理，本章将使用 Java Servlet 规范将前端和后端连接起来。同样为突出特征索引库生成工具基本原理的呈现，该工具将采用打包为 Jar 命令行程序的形式。

5.2 程序实现

5.2.1 开发环境搭建

源于 Java 卓越的跨平台性，在 Windows、Linux、MAC 系统中均可以搭建相应的开发环境。对于 IDE，选择 Eclipse、IntelliJ IDEA 或是 Netbeans 均可。由于该项目图像特征提取部分基于 DeepLearning4J 实现，而其又依赖大量的 Jar 包，所以需要引入 Maven 来对依赖进行管理和自动化构建。IntelliJ IDEA 内置 Maven，并且是 DeepLearning4J 官方推荐的 IDE，本章将使用它来开发此项目。但是因为当前版本的 DeepLearning4J 需要 Maven3.2.5 以上版本的支持，所以需要相应版本的 IntelliJ IDEA，在此推荐到 JetBrains 官方网站中下载安装最新版，如图 5-2 所示。IntelliJ IDEA 的社区（Community）版就可以满足本项目的需求。

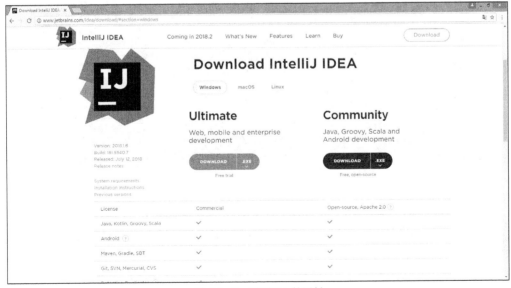

图 5-2 IntelliJ IDEA 社区版

5.2.2 项目实现

在该项目下,需要分别建立图像搜索引擎和特征索引库生成工具两个子项目,下面来分别进行讲解。

1. 特征索引库生成工具子项目

首先打开 IntelliJ IDEA 创建新项目("Create New Project"),然后在新项目("New Project")对话框"Maven"项下选择从原型创建("Create from archetype"),并从中选择"org.apache.maven.archetypes:maven-archetype-quickstart"原型模板创建一个简单的 Java 本地应用,如图 5-3 所示。

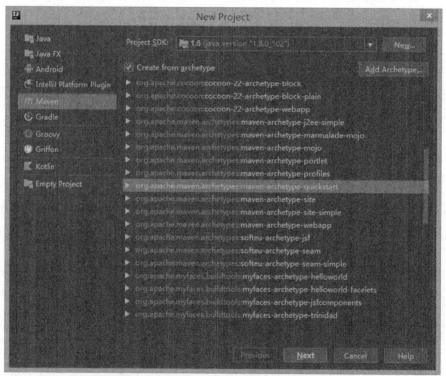

图 5-3 通过 Maven quickstart 原型模板建立项目

接下来,如图 5-4 所示,填入相应的"GroupId"和"ArtifactId"。GroupId 和 ArtifactId 标识了 Maven 项目的唯一性。其中 GroupId 又分为多个段,第一段为域可以是 org、com、cn 等,第二段为公司名,第三段为项目名,而 Artifact 表示功能模块名称。此项目中,我们在 GroupId 中填入"com.ai.deepsearch",在 Artifact 中填入"GenerateImgsFeatDBTool",那么它的全标识就是"com.ai.deepsearch.GenerateImgsFeatDBTool"。

下一步,如图 5-5 所示,IDE 会显示 Maven 的路径选择、用户配置文件、仓库设置等信息,在此我们使用 IntelliJ IDEA 内置的 Maven 即可。单击"Next"核对项目名称，选择相应的项目保存路径，单击"Finish"后，Maven 将自动完成该项目基本结构的创建。

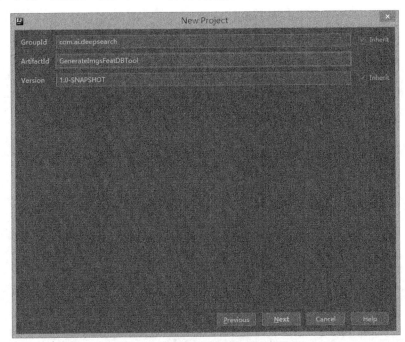

图 5-4 填写相应的 Maven 项目标识

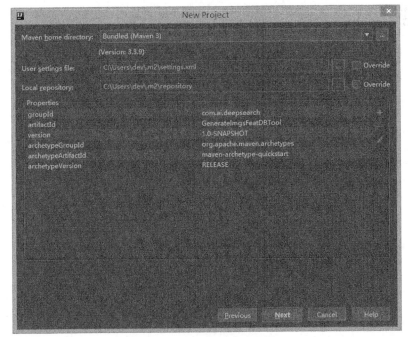

图 5-5 Maven 基本信息配置

经过一段时间的等待，Maven 成功地下载完成各种所需的插件并依据 maven-archetype-quickstart 原型模板创建项目的基本结构，如图 5-6 所示。可以看到，src、main、test、java 等文件夹，以及 com.ai.deepsearch 包及其下的 APP 和 APPTest 类等 Java 本地项目常用的结构和文件均已建立。

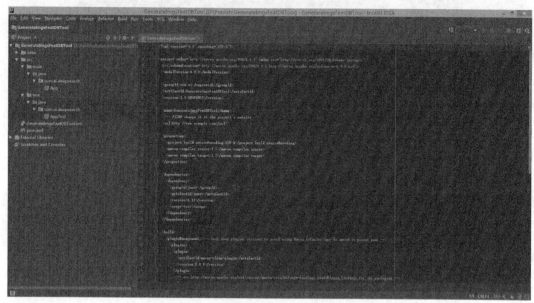

图 5-6　Maven quickstart 原型模板自动创建的项目结构

接下来将编辑 Maven 项目的描述文件 pom.xml（项目对象模型），引入该项目所需的各种依赖库。下面我们先把编辑好的 pom.xml 文件列出，代码如下，后面再详细解释。

【代码 5-1】特征索引库生成工具子项目 pom.xml

```xml
<?xml version="1.0" encoding="UTF-8"?>

<projectxmlns="http://maven.apache.org/POM/4.0.0"
xmlns:xsi="http://www.w3.org/2001/XMLSchema-instance"
  xsi:schemaLocation="http://maven.apache.org/POM/4.0.0
http://maven.apache.org/xsd/maven-4.0.0.xsd">
  <modelVersion>4.0.0</modelVersion>

  <groupId>com.ai.deepsearch</groupId>
  <artifactId>GenerateImgsFeatDBTool</artifactId>
  <version>1.0-SNAPSHOT</version>

  <name>GenerateImgsFeatDBTool</name>

  <properties>
    <project.build.sourceEncoding>UTF-8</project.build.sourceEncoding>
```

```xml
    <maven.compiler.source>1.7</maven.compiler.source>
    <maven.compiler.target>1.7</maven.compiler.target>
    <!-- Change the nd4j.backend property to nd4j-cuda-8.0-platform to use CUDA GPUs -->
    <nd4j.backend>nd4j-native-platform</nd4j.backend>
    <java.version>1.8</java.version>
    <nd4j.version>0.9.1</nd4j.version>
    <dl4j.version>0.9.1</dl4j.version>
    <datavec.version>0.9.1</datavec.version>
    <arbiter.version>0.9.1</arbiter.version>
    <logback.version>1.1.7</logback.version>
    <mapdb.version>3.0.6</mapdb.version>
    <commons-cli.version>1.4</commons-cli.version>
</properties>

<dependencyManagement>
    <dependencies>
        <dependency>
            <groupId>org.nd4j</groupId>
            <artifactId>nd4j-native-platform</artifactId>
            <version>${nd4j.version}</version>
        </dependency>
        <dependency>
            <groupId>org.nd4j</groupId>
            <artifactId>nd4j-cuda-7.5-platform</artifactId>
            <version>${nd4j.version}</version>
        </dependency>
        <dependency>
            <groupId>org.nd4j</groupId>
            <artifactId>nd4j-cuda-8.0-platform</artifactId>
            <version>${nd4j.version}</version>
        </dependency>
    </dependencies>
</dependencyManagement>

<dependencies>
    <dependency>
        <groupId>junit</groupId>
        <artifactId>junit</artifactId>
        <version>4.11</version>
        <scope>test</scope>
    </dependency>
    <dependency>
        <groupId>org.nd4j</groupId>
        <artifactId>${nd4j.backend}</artifactId>
    </dependency>
```

```xml
<dependency>
  <groupId>org.deeplearning4j</groupId>
  <artifactId>deeplearning4j-core</artifactId>
  <version>${dl4j.version}</version>
</dependency>
<dependency>
  <groupId>org.deeplearning4j</groupId>
  <artifactId>arbiter-deeplearning4j</artifactId>
  <version>${arbiter.version}</version>
</dependency>
<dependency>
  <groupId>ch.qos.logback</groupId>
  <artifactId>logback-classic</artifactId>
  <version>${logback.version}</version>
</dependency>
<dependency>
  <groupId>org.mapdb</groupId>
  <artifactId>mapdb</artifactId>
  <version>${mapdb.version}</version>
</dependency>
<dependency>
  <groupId>commons-cli</groupId>
  <artifactId>commons-cli</artifactId>
  <version>${commons-cli.version}</version>
</dependency>
</dependencies>

<build>
    <pluginManagement><!-- lock down plugins versions to avoid using Maven defaults (may be moved to parent pom) -->
      <plugins>
        <plugin>
          <artifactId>maven-clean-plugin</artifactId>
          <version>3.0.0</version>
        </plugin>
        <!-- see http://maven.apache.org/ref/current/maven-core/default-bindings.html#Plugin_bindings_for_jar_packaging -->
        <plugin>
          <artifactId>maven-resources-plugin</artifactId>
          <version>3.0.2</version>
        </plugin>
        <plugin>
          <artifactId>maven-compiler-plugin</artifactId>
          <version>3.7.0</version>
        </plugin>
        <plugin>
```

```xml
        <artifactId>maven-surefire-plugin</artifactId>
        <version>2.20.1</version>
      </plugin>
      <plugin>
        <artifactId>maven-jar-plugin</artifactId>
        <version>3.0.2</version>
      </plugin>
      <plugin>
        <artifactId>maven-install-plugin</artifactId>
        <version>2.5.2</version>
      </plugin>
      <plugin>
        <artifactId>maven-deploy-plugin</artifactId>
        <version>2.8.2</version>
      </plugin>
    </plugins>
  </pluginManagement>
 </build>
</project>
```

可以看到 pom.xml 文件大致分为几个段落。首先是项目的基础信息 groupId、artifactId、version，以及打包方式 packaging 和项目名称 name，这些都是根据前面填入的项目信息和 Maven 原型模板自动生成的。接下来 properties 部分定义了编译器的版本、nd4j 库的后端选择——nd4j.backend 以及所有需要引入依赖的版本。下面的 dependencyManagement 部分对 nd4j 库所需要的两种后端 nd4j-native-platform 和 nd4j-cuda-8.0-platform 进行了声明，便于我们在使用时根据需要进行引入。dependencies 部分定义了需要引入的各种依赖：nd4j 的后端（我们这里只使用 CPU 而不使用 GPU，所以引入的是 nd4j-native-platform）、DeepLearning4J 的核心组件 deeplearning4j-core、DeepLearning4J 中用于超参数优化的 arbiter-deeplearning4j、DeepLearning4J 中用于日志系统的 logback、嵌入式数据库 mapdb、用于对命令行参数进行解析的 apache commons-cli 库。最后的 build 部分中定义了最终生成的项目名称，以及各种用于编译、打包、安装、部署、清理、资源的 Maven 插件。

在编辑并保存了 pom.xml 文件之后，IntelliJ IDEA 会提示是否自动引入依赖，我们选择自动引入，IDE 会立即下载相关的库文件。当所有的依赖库下载完成以后，就可以编辑代码了。首先将 Maven 自动生成的 App 等不需要的类删除掉，然后新建一个类 GenerateImgsFeatDBTool，代码如下。

【代码 5-2】GenerateImgsFeatDBTool.java
```java
package com.ai.deepsearch;

import org.apache.commons.cli.*;
import org.datavec.image.loader.NativeImageLoader;
import org.deeplearning4j.nn.graph.ComputationGraph;
```

```java
import org.deeplearning4j.util.ModelSerializer;
import org.mapdb.DB;
import org.mapdb.DBMaker;
import org.mapdb.Serializer;
import org.nd4j.linalg.api.ndarray.INDArray;
import org.nd4j.linalg.dataset.api.preprocessor.DataNormalization;
import org.nd4j.linalg.dataset.api.preprocessor.VGG16ImagePreProcessor;

import java.io.File;
import java.io.IOException;
import java.util.Map;
import java.util.concurrent.ConcurrentMap;

/**
 * 图像特征库生成工具
 */
public class GenerateImgsFeatDBTool {
    private DB db;
    private ConcurrentMap<String, double[]> map;
    private static ComputationGraph vgg16Model;

    // 创建一个mapdb数据库
    private void initDB(String dbName) {
        System.out.println("GenerateImgsFeatDBTool init db");
        db = DBMaker.fileDB(dbName).fileMmapEnable().make();
        map = db.hashMap("feat_map", Serializer.STRING, Serializer.DOUBLE_ARRAY).createOrOpen();
    }

    // 加载预训练的VGG16模型文件
    private void loadVGGModel(String modelFilePath) throws IOException {
        File vgg16ModelFile = new File(modelFilePath);
        vgg16Model = ModelSerializer.restoreComputationGraph(vgg16ModelFile);
    }

    // 使用预训练VGG16模型得到图像的FC2层特征
    private INDArray getImgFeature(File imgFile) throws IOException {
        NativeImageLoader loader = new NativeImageLoader(224, 224, 3);
        INDArray imageArray = loader.asMatrix(imgFile);
        DataNormalization scaler = new VGG16ImagePreProcessor();
        scaler.transform(imageArray);
        Map<String, INDArray> map = vgg16Model.feedForward(imageArray, false);
        INDArray feature = map.get("fc2");
        return feature;
    }
```

```java
// 数组类型转换函数
private double[] INDArray2DoubleArray(INDArray indArr) {
    String indArrStr = indArr.toString().replace("[", "").replace("]", "");
    String[] strArr = indArrStr.split(",");
    int len = strArr.length;
    double[] doubleArr = new double[len];
    for (int i = 0; i < len; i++) {
        doubleArr[i] = Double.parseDouble(strArr[i]);
    }
    return doubleArr;
}

// 将一个图像文件夹内的图像转换为特征码并存入特征数据库中
private void exportImgsFeature2DB(String imgDirName) throws IOException {
    File dir = new File(imgDirName);
    if (dir.isDirectory()) {
        File[] fileList = dir.listFiles();
        int len = fileList.length;
        for (int i = 0; i < len; i++) {
            INDArray feat = getImgFeature(fileList[i]);
            double[] featD = INDArray2DoubleArray(feat);
            String imgName = fileList[i].getName();
            System.out.println("GenerateImgsFeatDBTool:" + i + ":" + imgName + ","
 + featD.toString());
            map.put(imgName, featD);
        }
    } else {
        System.out.println(imgDirName + "is not a directory!");
    }
    db.close();
    System.out.println("GenerateImgsFeatDBTool close db");
}

public static void main(String[] args) {
    String usage = "java -jar GenerateImgsFeatDBTool.jar [-h] -m 模型路径名 -d 特征库路径名 -i 图像文件夹路径名";
    HelpFormatter formatter = new HelpFormatter();
    formatter.setWidth(200);
    CommandLineParser parser = new DefaultParser();

    Option help = new Option("h", false, "显示帮助信息");
    Option model=Option.builder("m").hasArg().argName("model").desc("模型路径名").build();
    Option database = Option.builder("d").hasArg().argName("database").desc("图像特征库路径名").build();
```

```java
        Option img = Option.builder("i").hasArg().argName("imgdir").desc("用于构建特征库的图像文件夹路径全名").build();

        Options options = new Options();
        options.addOption(help);
        options.addOption(model);
        options.addOption(database);
        options.addOption(img);

        String modelFilePath=null;
        String dbFilePath = null;
        String imgsDir = null;

        try {
            CommandLine line = parser.parse(options, args);
            if (line.getOptions().length > 0) {
                if (line.hasOption("h")) {
                    formatter.printHelp(usage, options);
                }
                if (line.hasOption("m")) {
                    modelFilePath = line.getOptionValue("m");
                }
                if((!line.hasOption("h"))&&(!line.hasOption("m"))) {
                    System.out.println("缺少模型参数!");
                }
                if (line.hasOption("d")) {
                    dbFilePath = line.getOptionValue("d");
                }
                if((!line.hasOption("h"))&&(!line.hasOption("d"))) {
                    System.out.println("缺少特征库参数!");
                }
                if (line.hasOption("i")) {
                    imgsDir = line.getOptionValue("i");
                }
                if((!line.hasOption("h"))&&(!line.hasOption("i"))) {
                    System.out.println("缺少图像文件夹参数!");
                }
            } else {
                System.out.println("参数为空!");
            }
        } catch (ParseException e) {
            String message=e.getMessage();
            String[] messages=message.split(":");
            if("Missing argument for option".equals(messages[0])) {
                if("m".equals(messages[1].trim())) {
                    System.out.println("缺少模型参数值!");
```

```java
            }
            if("d".equals(messages[1].trim())) {
                System.out.println("缺少特征库参数值!");
            }
            if("".equals(messages[1].trim())) {
                System.out.println("缺少图像文件夹参数值!");
            }
        }
    }

    if ((modelFilePath != null)&&(dbFilePath != null) && (imgsDir != null)) {
        GenerateImgsFeatDBTool tool = new GenerateImgsFeatDBTool();
        tool.initDB(dbFilePath);
        try {
            tool.loadVGGModel(modelFilePath);
            tool.exportImgsFeature2DB(imgsDir);
        } catch (IOException e) {
            e.printStackTrace();
            System.out.println("GenerateImgsFeatDBTool 遇到错误" + e.getMessage());
        }
    }
}
```

GenerateImgsFeatDBTool 类通过加载预训练的 VGG16 模型，提取图像文件夹内每幅图像在 FC2 层上形成的特征，并将这些特征存入事先创建的嵌入式数据库 mapdb 中。这些功能又分解为 initDB（创建 mapdb 数据库）、loadVGGModel（加载预训练的 VGG16 模型）、getImgFeature（使用预训练 VGG16 模型得到图像的 FC2 层特征）、INDArray2DoubleArray（数组类型转换）、exportImgsFeature2DB（将图像文件夹内的图像转换为特征码，并存入特征数据库中）5 个函数。在 main 函数中，我们利用 apache commons-cli 库来解析命令行参数，进而创建命令行程序。

在 GenerateImgsFeatDBTool 类创建完成之后，就要对它进行编译并打包为 jar 形式的命令行程序。为了使打包后的程序能够独立使用，需要将所有引入的依赖库都打包到 jar 中，因此要使用 Maven 的 assembly 插件。首先单击菜单，选择"View→Tool Windows→Maven Projects"，使 IntelliJ IDEA 显示 Maven Projects 管理界面。但是它里面并没有我们所需要的 assembly，这时需要单击菜单，选择"Run→Edit Configurations"进行配置。

如图 5-7 所示，单击左上角的绿色加号，在弹出的 Add New Configuration 中选择"Maven"，在其后出现的对话框（如图 5-8 所示）中填入相应的 Name 为"assembly"，Parameters 页签项下的 Command line 为"assembly:assembly"。单击"OK"后，会发现在 Maven Projects 界面下多出了一个 Run Configurations 项，在它的下面有一个名为 assembly 的锯齿项。此外我们还需要在 pom.xml 文件"build→pluginManagement→plugins"下加入 assembly 插件的相关配置，见代码 5-3。

第 5 章 构建一个基于深度学习的 Web 图像搜索引擎

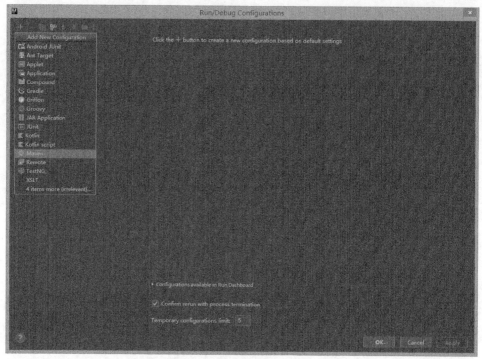

图 5-7　Run Configurations

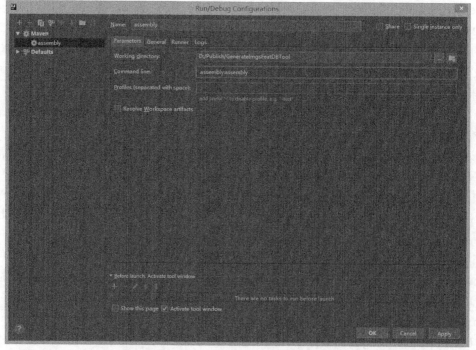

图 5-8　在 Run Configurations 中设置 assembly 命令

【代码 5-3】assembly 插件的配置

```
<plugin>
  <artifactId>maven-assembly-plugin</artifactId>
  <configuration>
    <archive>
      <manifest>
        <mainClass>com.ai.deepsearch.GenerateImgsFeatDBTool</mainClass>
      </manifest>
    </archive>
    <descriptorRefs>
      <descriptorRef>jar-with-dependencies</descriptorRef>
    </descriptorRefs>
  </configuration>
</plugin>
```

这样一来，我们就可以通过 Maven Projects 界面下新建立的 assembly 项来生成命令行 jar。单击菜单，依次选择"Run→Run assembly"，IntelliJ IDEA 会下载相应的插件，并将各种依赖库和编译好的 GenerateImgsFeatDBTool.class 文件统一在项目 target 文件夹下打包成可执行的 jar 包。

最后在命令行状态下运行 java -jar GenerateImgsFeatDBTool.jar –h，系统返回信息如图 5-9 所示。

图 5-9 运行 GenerateImgsFeatDBTool.jar

2. 图像搜索引擎子项目

图像搜索引擎子项目与特征索引库生成工具子项目相同，都需要使用 Maven 创建。采用同样的方法创建新项目"Create New Project"，然后在新项目"New Project"对话框 Maven 项下选择从原型创建（"Create from archetype"），并从中选择"org.apache.maven.archetypes:maven-archetype-webapp"原型模板创建一个简单的 Java Web 应用。单击"Next"，在对话框 GroupId 处填入"com.ai.deepsearch"，在 ArtifactId 处填入"ImageSearchEngine"，该子项目的全标识名为 com.ai.deepsearch.ImageSearchEngine。继续单击"Next"，IDE 会显示 Maven 的路径选择、用户配置文件、仓库设置等信息。在此不用修改任何信息，单击"Next"，核对项目名称，选择相应的项目保存路径单击"Finish"后，Maven 将自动完成该项目基本结构的创建。

经过一段时间的等待，Maven 成功地下载完成各种所需的插件，并依据 maven-archetype-webapp 原型模板创建项目的基本结构，如图 5-10 所示。可以看到 src、main、webapp、WEB-INF 文件夹，以及 WEB-INF 下的 web.xml 和 webapp 下的 index.jsp 文件等 Java Web 项目下常用的结构和文件均已建立。

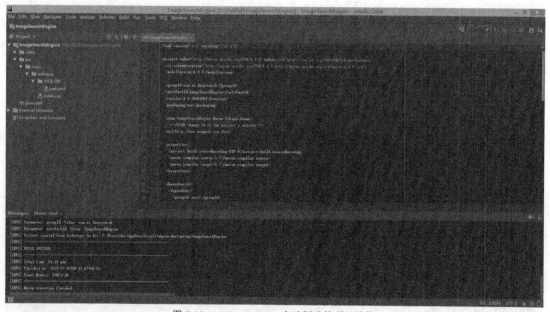

图 5-10　Maven webapp 自动创建的项目结构

下面我们依然要编辑该子项目的对象模型描述文件 pom.xml，引入该项目所需的各种依赖库，代码如下。

【代码 5-4】图像搜索引擎子项目 pom.xml

```
<?xml version="1.0" encoding="UTF-8"?>

<project xmlns="http://maven.apache.org/POM/4.0.0"
```

5.2 程序实现

```xml
  xmlns:xsi="http://www.w3.org/2001/XMLSchema-instance"
  xsi:schemaLocation="http://maven.apache.org/POM/4.0.0
http://maven.apache.org/xsd/maven-4.0.0.xsd">
  <modelVersion>4.0.0</modelVersion>

  <groupId>com.ai.deepsearch</groupId>
  <artifactId>ImageSearchEngine</artifactId>
  <version>1.0-SNAPSHOT</version>
  <packaging>war</packaging>

  <name>ImageSearchEngine Maven Webapp</name>

  <properties>
    <project.build.sourceEncoding>UTF-8</project.build.sourceEncoding>
    <maven.compiler.source>1.7</maven.compiler.source>
    <maven.compiler.target>1.7</maven.compiler.target>
    <!-- Change the nd4j.backend property to nd4j-cuda-8.0-platform to use CUDA GPUs
-->
    <nd4j.backend>nd4j-native-platform</nd4j.backend>
    <!--<nd4j.backend>nd4j-cuda-8.0-platform</nd4j.backend>-->
    <java.version>1.8</java.version>
    <nd4j.version>0.9.1</nd4j.version>
    <dl4j.version>0.9.1</dl4j.version>
    <datavec.version>0.9.1</datavec.version>
    <arbiter.version>0.9.1</arbiter.version>
    <logback.version>1.1.7</logback.version>
    <mapdb.version>3.0.6</mapdb.version>
    <tarsosLSH.version>1.0</tarsosLSH.version>
  </properties>

  <dependencyManagement>
    <dependencies>
      <dependency>
        <groupId>org.nd4j</groupId>
        <artifactId>nd4j-native-platform</artifactId>
        <version>${nd4j.version}</version>
      </dependency>
      <dependency>
        <groupId>org.nd4j</groupId>
        <artifactId>nd4j-cuda-8.0-platform</artifactId>
        <version>${nd4j.version}</version>
      </dependency>
    </dependencies>
  </dependencyManagement>

  <dependencies>
```

```xml
<dependency>
    <groupId>junit</groupId>
    <artifactId>junit</artifactId>
    <version>4.11</version>
    <scope>test</scope>
</dependency>
<dependency>
    <groupId>javax.servlet</groupId>
    <artifactId>javax.servlet-api</artifactId>
    <version>3.1.0</version>
    <scope>provided</scope>
</dependency>
<dependency>
    <groupId>commons-fileupload</groupId>
    <artifactId>commons-fileupload</artifactId>
    <version>1.3.3</version>
</dependency>
<dependency>
    <groupId>commons-io</groupId>
    <artifactId>commons-io</artifactId>
    <version>2.2</version>
</dependency>
<dependency>
    <groupId>org.nd4j</groupId>
    <artifactId>${nd4j.backend}</artifactId>
</dependency>
<dependency>
    <groupId>org.deeplearning4j</groupId>
    <artifactId>deeplearning4j-core</artifactId>
    <version>${dl4j.version}</version>
</dependency>
<dependency>
    <groupId>org.deeplearning4j</groupId>
    <artifactId>arbiter-deeplearning4j</artifactId>
    <version>${arbiter.version}</version>
</dependency>
<dependency>
    <groupId>ch.qos.logback</groupId>
    <artifactId>logback-classic</artifactId>
    <version>${logback.version}</version>
</dependency>
<dependency>
    <groupId>org.mapdb</groupId>
    <artifactId>mapdb</artifactId>
    <version>${mapdb.version}</version>
</dependency>
```

```xml
    <dependency>
       <groupId>be.tarsos</groupId>
       <artifactId>TarsosLSH</artifactId>
       <version>${tarsosLSH.version}</version>
    </dependency>
  </dependencies>

  <build>
    <finalName>ImageSearchEngine</finalName>
    <pluginManagement><!-- lock down plugins versions to avoid using Maven defaults (may be moved to parent pom) -->
      <plugins>
        <plugin>
          <artifactId>maven-clean-plugin</artifactId>
          <version>3.0.0</version>
        </plugin>
        <!-- see http://maven.apache.org/ref/current/maven-core/default-bindings.html#Plugin_bindings_for_war_packaging -->
        <plugin>
          <artifactId>maven-resources-plugin</artifactId>
          <version>3.0.2</version>
        </plugin>
        <plugin>
          <artifactId>maven-compiler-plugin</artifactId>
          <version>3.7.0</version>
        </plugin>
        <plugin>
          <artifactId>maven-surefire-plugin</artifactId>
          <version>2.20.1</version>
        </plugin>
        <plugin>
          <artifactId>maven-war-plugin</artifactId>
          <version>3.2.0</version>
        </plugin>
        <plugin>
          <artifactId>maven-install-plugin</artifactId>
          <version>2.5.2</version>
        </plugin>
        <plugin>
          <artifactId>maven-deploy-plugin</artifactId>
          <version>2.8.2</version>
        </plugin>
      </plugins>
    </pluginManagement>
  </build>
</project>
```

与前一个子项目的 pom.xml 文件大致相同。首先是子项目的基础信息 groupId、artifactId、version，以及打包方式 packaging 和项目名称 name。接下来 properties 部分定义了编译器的版本、nd4j 库的后端选择 nd4j.backend，以及所有需要引入依赖的版本。下面的 dependencyManagement 部分对 nd4j 库所需要的两种后端 nd4j-native-platform 和 nd4j-cuda-8.0-platform 进行了声明，便于我们在使用时根据需要进行引入。dependencies 部分定义了需要引入的各种依赖：servlet 库、apache 的上传组件包 commons-fileupload、nd4j 的后端（我们这里只使用 CPU 而不使用 GPU，所以引入的是 nd4j-native-platform）、DeepLearning4J 的核心组件 deeplearning4j-core、DeepLearning4J 中用于超参数优化的 arbiter-deeplearning4j、DeepLearning4J 中用于日志系统的 logback、嵌入式数据库 mapdb、用于实现 LSH 算法的 TarsosLSH。最后的 build 部分中定义了最终生成的项目名称，以及各种编译、打包、安装、部署、清理、资源等插件。

由于 TarsosLSH 的作者并没有将其发布到远端中心仓库中，所以我们需要将其安装到本地仓库中，以便 Maven 能够自动引入该依赖。首先访问 https://0110.be/releases/TarsosLSH/TarsosLSH-latest/下载 TarsosLSH-latest.jar 包。如图 5-11 所示，接下来进入菜单，依次选择"Run→Edit Configurations"设置安装 TarsosLSH-latest.jar 包的命令。然后在 Run/Debug

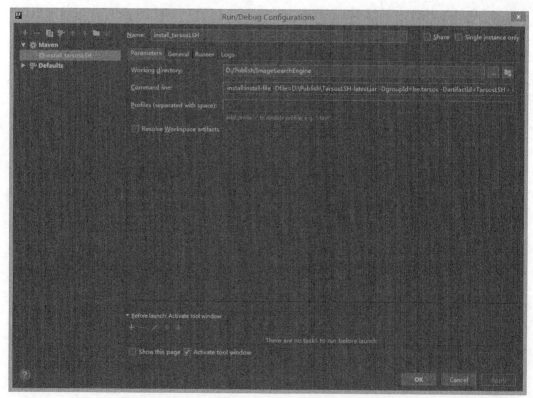

图 5-11　安装 TarsosLSH-latest.jar 到本地 Maven 仓库的 Run 配置

Configurations 对话框中单击左上角的绿色加号，在 Add New Configuration 下选择"Maven"。而后在对话框右侧的 Name 中填入"install_tarsosLSH"，在 Command line 中填入如下命令：install:install-file -Dfile=X:\xxx\TarsosLSH-latest.jar -DgroupId=be.tarsos -DartifactId=TarsosLSH -Dversion=1.0 -Dpackaging=jar。其中，Dfile 代表 TarsosLSH-latest.jar 存放的具体位置，DgroupId、DartifactId、Dversion 分别代表 TarsosLSH-latest.jar 的 groupId、artifactId 和 version，Dpackaging=jar 代表打包形式为 jar。

当以上 install_tarsosLSH 运行配置设置好后，便可以通过运行 install_tarsosLSH 命令将 TarsosLSH-latest.jar 安装到 Maven 的本地库中。接下来可以看到当 install_tarsosLSH 命令成功运行后，原本红色的 TarsosLSH 依赖版本部分"<version>${tarsosLSH.version}</version>"恢复正常，表示该依赖已经成功引入。

在引入相关依赖项以后，就可以编辑代码实现图像搜索引擎子项目的各项功能了。由于在该子项目中并不需要使用 jsp，所以 maven-archetype-webapp 原型模板在 src\main\webapp\ 目录下创建的 index.jsp 文件可以直接删除，取而代之的是我们接下来创建的 index.html。该子项目中的 Servlet-api 采用 3.0 以上版本，不需要在 web.xml 中对 Servlet 进行配置，web.xml 文件只指明了采用 index.html 作为欢迎页，相当简洁，代码如下。

【代码 5-5】web.xml

```xml
<!DOCTYPE web-app PUBLIC
 "-//Sun Microsystems, Inc.//DTD Web Application 2.3//EN"
 "http://java.sun.com/dtd/web-app_2_3.dtd" >

<web-app>
  <display-name>Archetype Created Web Application</display-name>
  <welcome-file-list>
    <welcome-file>index.html</welcome-file>
  </welcome-file-list>
</web-app>
```

【代码 5-6】index.html

```html
<html>
<head>
    <meta http-equiv="Content-Type" content="text/html; charset=utf-8" />
    <title>图像搜索</title>
    <meta name="renderer" content="webkit">
    <meta http-equiv="X-UA-Compatible" content="IE=Edge,chrome=1">
    <link rel="stylesheet" type="text/css" href="./css/style.css" />
    <script src="./js/jquery-1.9.1.min.js" type="text/javascript"></script>
</head>

<body>
<div class="logo_box"><img src="./img/logo.png"></div>
```

```html
<div class="search_box">
    <form id="file_upload" enctype="multipart/form-data" action="search" method="post">
        <input type="text" class="search_input" maxlength="100">
        <div class="search_btn">搜索</div>
        <div class="img_camera"></div>
        <img class="img_preview" src="" style="display: none;"/>
        <div class="img_camera_mouseenter" style="display: none;">选择图片后点击搜索
</div>
        <i class="img_camera_mouseenter_arrow" style="display: none;"></i>
        <input type="file" name="file_choice" id="file">
    </form>
</div>
<script type="text/javascript" src="./js/upload.js" crossorigin=""></script>
</body>
</html>
```

【代码 5-7】upload.js

```javascript
$(".img_camera").on({
    click: function () {
        $(".img_camera_mouseenter,.img_camera_mouseenter_arrow").hide();
        $("#file").click();
    },
    mouseenter: function () {
        timer = setTimeout(function () {
            $(".img_camera_mouseenter,.img_camera_mouseenter_arrow").slideDown(200);
        }, 200);
    },
    mouseleave: function () {
        clearTimeout(timer);
        $(".img_camera_mouseenter,.img_camera_mouseenter_arrow").slideUp(200);
    }
});

$("#file").on("change", function (event) {
    var file = event.target.files || e.dataTransfer.files;
    if (file) {
        var fileReader = new FileReader();
        fileReader.onload = function () {
            $(".img_preview").attr("src", this.result);
        }
        fileReader.readAsDataURL(file[0]);
        $(".img_preview").show();

    }
});
```

```javascript
$(".search_btn").on({
    click: function () {
        $("#file_upload").submit();
    }
});
```

在代码 5-6 和代码 5-7 中，index.html 通过 form 表单向名为 search 的相对 URL 提交查询图片。upload.js 则调用 JQuery 库完成了"搜索"按钮单击触发 form 表单的提交事件，并实现了一些简单的交互效果。

除此以外，我们还需要创建 WebEngineInit、SearchImageServlet、SearchSimilarImgs、Utils 这 4 个类，分别实现 VGG16 模型预加载、搜索请求处理与反馈、线性和局部敏感散列方法查找相似图像、工具类等功能。下面来对它们逐一进行讲解：

【代码 5-8】WebEngineInit.java

```java
package com.ai.deepsearch;

import org.deeplearning4j.nn.graph.ComputationGraph;
import org.deeplearning4j.util.ModelSerializer;

import javax.servlet.ServletContextEvent;
import javax.servlet.ServletContextListener;
import javax.servlet.annotation.WebListener;
import java.io.File;
import java.io.IOException;

/**
 * 引擎初始化
 */

@WebListener
public class WebEngineInit implements ServletContextListener {
    public static ComputationGraph vgg16Model;

    public void contextInitialized(ServletContextEvent event) {
        System.out.println("Web initialized");
        try {
            String modelFilePath=WebEngineInit.class.getClassLoader().getResource("vgg16.zip").getPath().substring(1);
            File vgg16ModelFile=new File(modelFilePath);
            vgg16Model= ModelSerializer.restoreComputationGraph(vgg16ModelFile);
        } catch (IOException e) {
            e.printStackTrace();
        }
    }
```

```java
    public void contextDestroyed(ServletContextEvent event) {
        System.out.println("Web destroyed");
        vgg16Model=null;
    }
}
```

在代码 5-8 中，WebEngineInit 类实现了 ServletContextListener 接口，使其能够监听 ServletContext 对象的生命周期。而 Servlet 的容器启动或终止应用时会触发 ServletContextEvent 事件，这样我们就可以在 Tomcat 启动时做一些耗时的初始化工作，在 Tomcat 终止应用时做一些数据的清理工作。当 Tomcat 启动时，我们在 contextInitialized 方法中加载了在 ImageNet 图像库上预训练的 VGGNet16 模型文件 vgg16.zip。

【代码 5-9】SearchImageServlet.java

```java
package com.ai.deepsearch;

import org.apache.commons.fileupload.FileItem;
import org.apache.commons.fileupload.FileUploadException;
import org.apache.commons.fileupload.disk.DiskFileItemFactory;
import org.apache.commons.fileupload.servlet.ServletFileUpload;
import org.datavec.image.loader.NativeImageLoader;
import org.nd4j.linalg.api.ndarray.INDArray;
import org.nd4j.linalg.dataset.api.preprocessor.DataNormalization;
import org.nd4j.linalg.dataset.api.preprocessor.VGG16ImagePreProcessor;
import javax.servlet.ServletException;
import javax.servlet.annotation.WebServlet;
import javax.servlet.http.HttpServlet;
import javax.servlet.http.HttpServletRequest;
import javax.servlet.http.HttpServletResponse;
import java.io.File;
import java.io.IOException;
import java.io.PrintWriter;
import java.util.List;
import java.util.Map;
import java.util.Set;

/**
 * 搜索请求Servlet
 */
@WebServlet(value = "/search")
public class SearchImageServlet extends HttpServlet {

    @Override
    public void doPost(HttpServletRequest request, HttpServletResponse response) throws
ServletException, IOException {
        System.out.println("SearchImageServlet servlet handling post");
```

5.2 程序实现

```java
        try {
            DiskFileItemFactory factory = new DiskFileItemFactory();
            File f=new File("E:\\storetest");
            factory.setRepository(f);
            ServletFileUpload fileUpload = new ServletFileUpload(factory);
            String uploadDir = request.getSession().getServletContext().getRealPath
("/upload_imgs");
            List<FileItem> fileItems = fileUpload.parseRequest(request);
            System.out.println("file items size:"+fileItems.size());
            for (FileItem item : fileItems) {
                if(!item.isFormField()) {
                    String fileName=item.getName();
                    if(fileName.lastIndexOf("\\")>=0) {
                        fileName=fileName.substring(fileName.lastIndexOf("\\"));
                    } else {
                        fileName=fileName.substring(fileName.lastIndexOf("\\")+1);
                    }
                    File uploadFile=new File(uploadDir+"/"+fileName);
                    if(!uploadFile.exists()) {
                        uploadFile.getParentFile().mkdirs();
                    }
                    uploadFile.createNewFile();
                    item.write(uploadFile);
                    item.delete();

                    NativeImageLoader loader=new NativeImageLoader(224,224,3);
                    INDArray imageArray=loader.asMatrix(uploadFile);
                    DataNormalization scaler=new VGG16ImagePreProcessor();
                    scaler.transform(imageArray);

                    Map<String,INDArray> map=WebEngineInit.vgg16Model.feedForward
(imageArray,false);
                    INDArray feature=map.get("fc2");

                    String imagesDb = request.getSession().getServletContext()
.getRealPath("/WEB-INF/images.db");

                    Set<String> result=SearchSimilarImgs.search(true,imagesDb,fileName,
feature);

                    response.setContentType("text/html;charset=utf-8");
                    PrintWriter writer=response.getWriter();
                    writer.println("<html>");
                    writer.println("<head>");
                    writer.println("<title>查询结果</title>");
```

```java
                            writer.println("<link rel=\"stylesheet\" type=\"text/css\" href=\"./css/style.css\" />");
                            writer.println("</head>");
                            writer.println("<body>");
                            writer.println("<div class=\"search\">");
                            writer.println("<div class=\"back_btn\"><a href=\"http://localhost:8080/imgsearch/\">回主页</a></div>");
                            writer.println("<div class=\"title_search\"><span>查询图像</span></div>");
                            writer.println("</div>");
                            writer.println("<div>");
                            writer.println("<div class=\"search_img\"><img src=\"./upload_imgs/"+fileName+"\"></div>");
                            writer.println("</div>");
                            writer.println("<div class=\"line\"></div>");
                            writer.println("<div class=\"simi\">");
                            writer.println("<div class=\"title_simi\"><span>相似图像</span></div>");
                            writer.println("</div>");
                            writer.println("<div id=\"result\">");
                            for(String r:result) {
                                writer.println("<div class=\"simi_img\"><img src=\"./image/"+r+"\"></div>");
                                System.out.println(r);
                            }
                            writer.println("</div>");
                            writer.println("</body>");
                            writer.println("</html>");
                            writer.flush();
                            writer.close();
                        }
                    }
                } catch (FileUploadException e) {
                    e.printStackTrace();
                } catch (Exception e) { // item.write(uploadImages)
                    e.printStackTrace();
                }
            }
        }
```

在代码 5-9 中，SearchImageServlet 类是一个将前端页面和后端逻辑紧密连接起来的 Servlet。它通过使用 apache 的 commons-fileupload 组件接收和处理 index.html 中 form 表单提交到 search 处的图像。然后 SearchImageServlet 将该图像进行一些预处理（包括 NativeImageLoader 和 VGG16ImagePreProcessor）并提取该图像的 VGG16 模型的 FC2 层特征。接下来将该特征送入 SearchSimilarImgs 类搜索相似图像，并将返回结构以 html 的形式反馈给用户。

【代码 5-10】SearchSimilarImgs.java

```java
package com.ai.deepsearch;

import be.tarsos.lsh.LSH;
import be.tarsos.lsh.Vector;
import be.tarsos.lsh.families.CosineHashFamily;
import be.tarsos.lsh.families.DistanceMeasure;
import be.tarsos.lsh.families.EuclideanDistance;
import be.tarsos.lsh.families.HashFamily;
import org.mapdb.DB;
import org.mapdb.DBMaker;
import org.mapdb.Serializer;
import org.nd4j.linalg.api.ndarray.INDArray;

import java.util.ArrayList;
import java.util.LinkedHashSet;
import java.util.List;
import java.util.Set;
import java.util.concurrent.ConcurrentMap;

/**
 * 查找相似图像
 */
public class SearchSimilarImgs {

    public static List<Vector> getVectorListFromDB(String dbPath) {
        DB db = DBMaker.fileDB(dbPath).make();
        ConcurrentMap<String, double[]> map = db.hashMap("feat_map", Serializer.STRING, Serializer.DOUBLE_ARRAY).open();
        //int size=map.size();
        List<Vector> vecs = new ArrayList<Vector>();
        for (String key : map.keySet()) {
            //int dimension=map.get(key).length;
            double[] val = map.get(key);
            // norm2
            val = Utils.normalizeL2(val);
            Vector vec = new Vector(key, val);
            vecs.add(vec);
        }
        db.close();
        return vecs;
    }
```

```java
    public static Set<String> search(boolean linear, String dbPath, String imgName,
INDArray fc2Feat) {
        Set<String> similarImgsName = new LinkedHashSet<String>();
        List<Vector> dataset = getVectorListFromDB(dbPath);
        int dimension = dataset.get(0).getDimensions();
        HashFamily cosHashFamily = new CosineHashFamily(dimension);

        double[] queryFeat = Utils.INDArray2DoubleArray(fc2Feat);
        // norm2
        queryFeat = Utils.normalizeL2(queryFeat);
        Vector queryVec = new Vector(imgName, queryFeat);
        int numOfNeighbours = 5;
        DistanceMeasure disMeasure = new EuclideanDistance();

        if (linear) {
            List<Vector> neighbours = LSH.linearSearch(dataset, queryVec, numOfNeighbours,
disMeasure);
            for (Vector neighbour : neighbours) {
                similarImgsName.add(neighbour.getKey());
            }
        } else {
            LSH lsh = new LSH(dataset, cosHashFamily);
            int numOfHashes = 3;
            int numOfHashTables = 2;
            lsh.buildIndex(numOfHashes, numOfHashTables);

            List<Vector> neighbours = lsh.query(queryVec, numOfNeighbours);
            for (Vector neighbour : neighbours) {
                similarImgsName.add(neighbour.getKey());
            }
        }
        return similarImgsName;
    }
}
```

在代码 5-10 中，SearchSimilarImgs 类包括 getVectorListFromDB 和 search 两个函数。getVectorListFromDB 将特征索引库 images.db 中存储的全部（图像名、特征码）键值对取出。而 images.db 正是由我们前面创建的特征索引库生成工具 GenerateImgsFeatDBTool.jar 所生成的。如图 5-12 所示，在命令行状态下输入：

```
java -jar GenerateImgsFeatDBTool.jar
    -m 项目路径\src\main\resources\vgg16.zip
    -d 项目路径\src\main\webapp\WEB-INF\images.db
    -i 项目路径\src\main\webapp\image
```

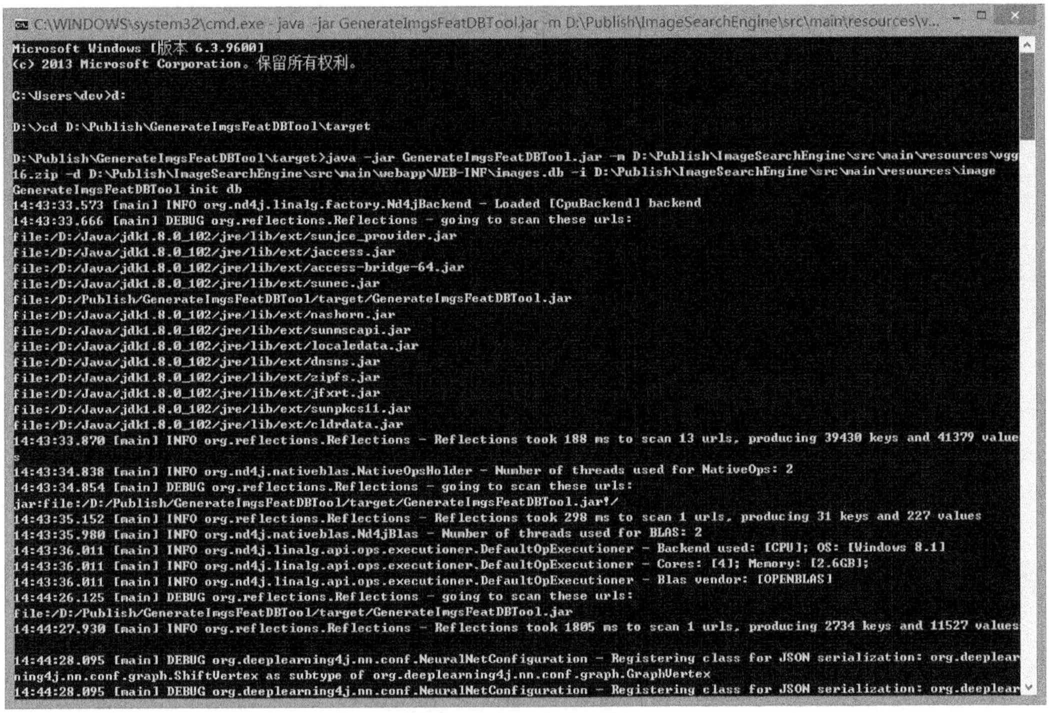

图 5-12 生成特征索引库 images.db

将在目录"项目路径\src\main\webapp\WEB-INF\"下生成特征索引库 images.db。search 函数依据用户是否采用线性方法,来选择将查询图像的特征与特征索引库一一对比,还是使用局部敏感散列(LSH)做候选特征集内的局部对比。

【代码 5-11】Utils.java

```java
package com.ai.deepsearch;

import org.nd4j.linalg.api.ndarray.INDArray;

import java.util.Arrays;

/**
 * 工具类
 */
public class Utils {
    public static double[] INDArray2DoubleArray(INDArray indArr) {
        String indArrStr = indArr.toString().replace("[", "").replace("]", "");
        String[] strArr = indArrStr.split(",");
        int len = strArr.length;
        double[] doubleArr = new double[len];
        for (int i = 0; i < len; i++) {
            doubleArr[i] = Double.parseDouble(strArr[i]);
```

```java
        }
        return doubleArr;
    }

    public static double[] normalizeL2(double[] vec) {
        double norm2 = 0;
        for (int i = 0; i < vec.length; i++) {
            norm2 += vec[i] * vec[i];
        }
        norm2 = (double) Math.sqrt(norm2);
        if (norm2 == 0) {
            Arrays.fill(vec, 1);
        } else {
            for (int i = 0; i < vec.length; i++) {
                vec[i] = vec[i] / norm2;
            }
        }
        return vec;
    }
}
```

在代码 5-11 中，Utils 类是一个工具类，它提供 INDArray2DoubleArray 和 normalizeL2 两个函数，前者能够将 INDArray 类型转换为 Double[]类型，后者对向量进行归一化。

至此，图像搜索引擎的子项目已全部实现。下面我们将要把它部署到 tomcat 上测试，看一下效果如何。由于 IntelliJ IDEA 社区版并没有提供配置 tomcat 的功能，这里需要使用 Maven 的 tomcat 插件来进行测试。单击菜单，依次选择"Run→Edit Configurations"，在出现的 Run/Debug Configurations 对话框中进行运行设置。单击左上角的绿色加号，在 Add New Configuration 下选择"Maven"，建立 Name 为"tomcat"的命令。如图 5-13 所示，在 Command line 中填入命令"tomcat7:run"。此外，还需要编辑 pom.xml 下载配置相应的 tomcat 插件，代码如下。

【代码 5-12】 pom.xml 中的 tomcat 插件部分

```xml
<plugin>
  <groupId>org.apache.tomcat.maven</groupId>
  <artifactId>tomcat7-maven-plugin</artifactId>
  <version>2.1</version>
  <configuration>
    <port>8080</port>
    <path>/imgsearch</path>
    <uriEncoding>UTF-8</uriEncoding>
    <server>tomcat7</server>
  </configuration>
</plugin>
```

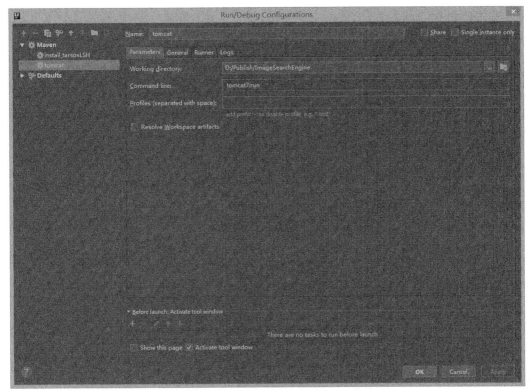

图 5-13　tomcat 配置

在一切准备妥当之后，单击菜单，依次选择"Run→Run tomcat"便可以将该子项目部署到 tomcat 上。在 tomcat7-maven-plugin 插件下载及各种源代码和资源，编译复制完成后，打开浏览器，在地址框中输入"http://localhost:8080/imgsearch/"便可以进入 index.html 主页，如图 5-14 所示。

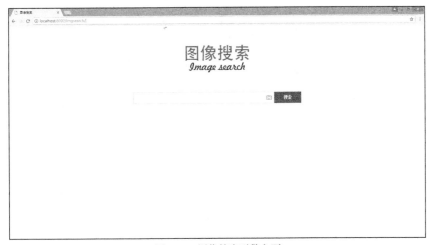

图 5-14　图像搜索引擎主页

上传查询图片后，搜索框中会显示它的缩略图。单击"搜索"按钮，等待此刻，便会看到系统返回的结果，如图 5-15 所示。

图 5-15　图像搜索引擎返回相似图像

5.3　优化策略

看到图 5-15 中图像搜索引擎返回的相似图像，读者可能会有这样的疑问：系统返回的相似图像和查询图像不是很像啊？通过仔细观察，我们会发现这些衣服的花纹是近似的。之所以款式有差别，是因为我们使用 GenerateImgsFeatDBTool 工具生成的特征索引库只是采用 400 余幅图像的数据集生成的（如图 5-16 所示），并且数据集中没有这种款式的长裙。

图 5-16　用于生成特征索引库的图像数据集

那么我们怎样才能优化该引擎，从而解决这个问题呢？首先根据该引擎的任务需求，尽量扩充用于构建特征索引库的数据集的规模和覆盖面，使其有一定的广度和深度，这样才能使该引擎返回的结果更加符合相似性的要求。其次，该引擎图像特征提取功能基于在 ImageNet 数据集上预训练的 VGG16 模型实现，和目标数据有一定差异。为此，我们可以搜集一定量的垂直领域数据集来微调模型，使提取的特征更加符合该领域的特点，从而返回更高质量的结果。

5.4 本章小结

本章带领读者使用前面各个章节讲解的内容从零开始构建一个在线图像搜索引擎。无论是项目架构设计的讲解、开发技术路线的选择、开发环境的配置和使用，还是具体的代码实现，本章都给予了详细的讲解。通过对本章的学习，读者已能够透彻地理解图像检索的理论，并具有独立实现一个 Web 图像搜索引擎的实际能力。最后作者指出了该图像搜索引擎进一步改进和优化的策略和方向，为读者提供了结合自身需求进一步改进该项目的空间。